AI時代を切りひらく算数

「理解」と「応用」を
大切にする6年間の学び

芳沢光雄＝著

日本評論社

まえがき

　よく知られているように，日本の子どもたちに数学嫌いが多いことは顕著です．たとえば，2015 年度の TIMSS（国際数学・理科教育動向調査）で 8 年生（日本の中学 2 年相当）の結果が報告されていますが，「数学は大好き」が日本は 9%（国際平均は 22%）である一方で，「数学は好きではない」が 59%（国際平均 38%）になります．さらに同結果報告で，「数学をとても信頼」が日本は 5%（国際平均 14%）である一方で，「数学を信頼していない」が 63%（国際平均 43%）になります．

　来たる AI 時代に向けて，内外を問わず「数学の学びは益々重要になる」と言われている現在において，まず上記の結果を改善しなくては数学教育の発展は難しいでしょう．私自身は 1990 年代の半ばから，数学教育の改善に向けてさまざまな試行錯誤を重ねてきました．

　「ゆとり教育」の見直しのきっかけになった『分数ができない大学生』（東洋経済新報社）では「数学は役に立たないのか」という章を担当し，数学の応用面の面白さをいろいろな角度から紹介しました．また，何冊かの拙著によって生きた題材による数学の面白さを紹介し，合わせて 200 校を超える小・中・高校での出前授業，あるいは 200 か所以上での教員研修会での講演もお引き受けしてきました．

　「ゆとり教育」が見直されるようになってからは，おもに著書・新聞・雑誌等で「数学マークシート式問題」の問題点と「数学記述式問題」の意義を訴えることに軸足を移して活動してきました．そして教える大学が，東京理科大学理学部から桜美林大学リベラルアーツ学群に移ってからは，リベラルアーツの視点からも数学を発信し（拙著『リベラルアーツの学び』（岩波ジュニア新書）を参照），また数学嫌いの大学生に向けた講義を積極的に展開してきました．

　実際，学生の就職状況がまだ悪かった 2010 年ごろ，私は桜美林大学で就職委員長としての立場から「就活の算数」という夜間のボランティア授業を，週 8 コマ前後の通常の授業と合わせて後期の毎週木曜日に行っていました．その授

業を通してとくに注目したことは，多項式の範囲での微積分の計算はできても，比と割合の概念が分かっていない学生が予想外に多くいたことです．グローバル化が進んだ 21 世紀になってから，「％」を通して分析する見方が益々重要になってきただけに，この問題は軽視できないと考えました．その原因を学生に対するさまざまな質問等によって確かめたところ，国語的な表現の理解にも問題があるほか，理解を無視した「やり方」の暗記に頼る教育を最初から受けてきたことに大きな原因があることを悟りました．

　前後して，桜美林大学に勤めて実感した重要なことがあります．それは，本学は伝統的にボランティア活動が盛んな大学で，数学の成績はともかく，思いやりの精神が旺盛で授業態度も素晴らしい学生が多く在籍しています．そのような態度が立派な学生にも，数学嫌いが少なくないことに心が痛む思いがしました．

　日本の数学教育全般を眺めて見ると，小学校の算数教育が重要であるにも関わらず，それを軽んじている社会全体の意識を残念に思うことがあります．算数教育の現場に目を向けると，理解に苦しむ指導法がいろいろ目につきます．マークシート式問題が全盛で記述式問題が軽視される時代を反映して，数学は答えや性質を導く教科であるにも関わらず，「やり方」を覚えて答えを当てる教科だと勘違いされている面もあります．また「ゆとり教育」時代の算数教科書には，18 ページの表で示すように本質的な問題点もありました．

　本書は，上で述べてきたことの反省の視点に立って，AI 時代の算数指導書の一つの提案を示すものです．とくに 1 章では，算数教育に関する基本的で重要な考え方をまとめました．1 節から 18 節までの趣旨を簡単に紹介しましょう．

　1 節：考えることが大切な算数・数学で，わざわざ苦手意識を植えつけることは，考えることを委縮させてしまって思いのほかマイナスになること．
　2 節：1 節の反対で，努力する姿勢を褒めたり成功体験による自信を持たせ

たりすると，思いのほかプラスになること．

3節：「数学が苦手な生徒はマークシート問題だけ解ければよい」という指導は，子どもたちの心を傷つけるばかりか，数学の面白さを誤解させてしまうこと．

4節：AI 時代においては新しいものを創造することがとくに大切であり，そのために算数・数学の学びにおける試行錯誤が大切であること．

5節：数学の記号や数式を嫌う人たちは多いが，記号は言葉であって，数式は文章であることを冷静に認識すべきであること．

6節：バランスの良い食生活を参考にするまでもなく，多様な計算練習が大切で，最初からスピードアップを図る計算練習は"事故のもと"になること．

7節：人間は神様ではないので，算数・数学においては見直す力をつけることも大切で，時間を置いてからの見直しは意外と効果があること．

8節：算数・数学は言葉の定義から論理的に組み立てる教科であり，「やり方」の暗記を優先して，言葉の定義を忘れてはならないこと．

9節：長年の数学教育の経験から，「すべて」と「ある」の言葉の使い方の理解は大切で，それは算数教育から始まること．

10節：物事の理解は視覚も利用すると効果的であり，図を描いて考える場合にはおもに 4 つの型があること．

11節：場合分けして考えることは，それぞれに強い条件を付けることになるが，場合分けがなるべく問題の本質を突くように心掛けること．

12節：最初は下手であっても全文を書く練習を積むことによって，論理的な説明文を書く力は必ず向上すること．

13節：算数・数学は特殊な教科で，「分からないとことが分からない」という子どもたちはむしろ普通で，その視点に立って指導することが大切であること．

14節：最近のスマホゲームは 3D 画像であっても平面上のゲームであり，昔の玩具のように空間認識力を高めるものとは違う点に留意すること．

iv ● **まえがき**

....

15 節：初等中等教育における算数・数学の教育では，一般論でなく具体例による説明で納得させる事項もいろいろある点に留意すること．

16 節：応用例を示すとき，なるべく生きた題材によるものの方が子どもたちの興味・関心を高めるのであり，その立場から応用例を探す意識をもつこと．

17 節：応用数学者でもある数学教育者のジョン・ペリーの講演録を掲載し，算数・数学の学びは誰にとっても役立つという主張を理解すること．

18 節：AI 時代に必要な算数・数学の学びは，AI と競うかのような「やり方」暗記の学びではなく，「理解」と「応用」を大切にする学びであること．

2 章から 5 章までは，算数教育として扱うほとんどの項目，およびそれらを発展させた項目に関する指導法について述べました．一部，時計の読み方やそろばんなどは扱っていないことをお許しください．発展させた項目にはレベルの高い内容もありますが，多くはかつて学習指導要領にも含まれたことのある内容です．参考までに，現行の小学校学習指導要領（算数編）を付録として巻末に掲載しました．

全体的に，視覚的な理解を重んじる立場から参考になる図を多く入れました．また，昔から鶴亀算などの名前のついた文章題の数々を，対応する章で紹介しました．さらに，いわゆるアクティブラーニングも意識して，興味・関心を高めるような生きた題材をところどころで紹介しました．以下，各章の特徴および注意点を述べましょう．

2 章「数と計算」では整数の誕生から始まり，足し算・引き算・掛け算・割り算を整数の範囲で導入し，その上で四則混合計算の規則，交換法則，結合法則，分配法則を紹介します．そして小数および分数を，計算を含めて導入しますが，とくに分数に関する計算は一般的に述べたこともあって，やや分かりにくい面もあるかも知れません．そのあたりは，具体例で理解しても構わないという考

えをもっていただければ幸いです．学習指導要領に最近加わった文字について
も述べますが，発展的な内容として紹介する素因数分解や2進数などは，かつ
ての指導要領に含まれていたものです．

3章「図形」では，平面図形で扱ういくつかの言葉の定義をしっかり述べる
ことから始まり，多角形，角度，面積，円と進んでいきます．それらの中では，
とくに面積の理解を応用例も交えて重視しました．その後で，図形の合同や拡
大図・縮小図へと進みますが，三角形の合同条件を理解できるようなていねい
な説明をします．また，大学生でも間違いやすい「縮尺」の考え方もていねい
に説明します．方眼法を含めた拡大図・縮小図の応用例は，アクティブラーニ
ングの適当な題材になるものと考えます．最後の節では立体図形を扱いますが，
とくに1章14節で述べたことを留意して読んでもらいたいところです．

4章「量と変化」では，物理的な量による比例・反比例はグラフを利用して
理解するように述べます．概数による概算も合わせて紹介します．その一方で，
大学生も苦手とする「時間・距離・速さ」と「比と割合」については，大人に
なっても困らないように根本の理解を重視して説明します．そして「平均」と
いう考え方も合わせて紹介します．この章の内容には，流水算などの昔からあ
る名前のついた文章題も多く，いろいろな問題を紹介しました．

5章「場合の数とデータの活用」では，いわゆる順列・組合せ・確率の基礎と
なる内容，および統計分野の積極的な導入が要点となります．前者では，樹形
図などの図を用いて，一つずつミスなく数えることが大切です．後者では，棒
グラフ，折れ線グラフ，帯グラフ，円グラフの特徴を理解することのほか，棒
グラフから派生した柱状グラフ（ヒストグラム）の理解を図ります．とくに統
計分野では，いくつもある専門用語の理解と，実際にさまざまなデータを用い
て学ぶことが求められます．

最後に本書は，90 年代からいろいろお世話になっている編集担当の佐藤大器さんが，全力で校正作業を行ってくださったことがあって完成しました．ここに深く感謝する次第です．

2019 年 7 月

芳沢光雄

目次

まえがき　i

第1章　基本的な考え方 1

1.1　算数・数学に苦手意識を植えつけてはならない　2

1.2　努力する姿勢と成功体験による自信　4

1.3　「数学が苦手な生徒はマークシート問題だけ解ければよい」という迷信　6

1.4　試行錯誤のすすめ　11

1.5　記号は言葉，数式は文章　15

1.6　計算練習は多様なものを行い，スピードアップは最後の仕上げ　17

1.7　見直しによって間違いを正すことが大切　23

1.8　「やり方」優先で忘れがちな言葉の定義　29

1.9　「すべて」と「ある」の言葉遣いを大切に　31

1.10　視覚を利用して学ぶことは効果的　32

1.11　場合分けはそれだけ強い条件が付くこと　35

1.12　ていねいな全文を書く練習が将来の「論理的な説明力」に繋がる　36

1.13　分からないところが分かる生徒はほとんどいない　38

1.14　空間認識力を高める昔の玩具　40

1.15　一般論でなく具体例による説明で済ます事項　41

1.16　生きた題材による応用例が興味・関心を高める　44

1.17　「算数・数学の学びは誰にとっても役立つ」という意識をもつ　49

1.18　AI時代に必要な算数・数学の学び　52

第2章　数と計算 55

2.1　1対1の対応から自然数を導入する　56

2.2　0 には 2 つの意味がある　58

2.3　10 進数を理解する教具　59

2.4　足し算と引き算　61

2.5　不等号の記号　66

2.6　掛け算と九九の導入　66

2.7　3 桁どうしの掛け算と大きい桁の数　69

2.8　割り算の導入と余り　72

2.9　四則混合計算　75

2.10　交換法則と結合法則と分配法則　76

2.11　小数の仕組みと計算　79

2.12　倍数・約数と奇数・偶数　84

2.13　素数と素因数分解　87

2.14　分数の仕組みと計算　90

2.15　小数と分数の関係　99

2.16　数直線と負の数　104

2.17　文字を使った式と計算　106

2.18　樹形図と鳩の巣原理　109

2.19　昔からある文章問題の解法（その 1）　113

2.20　2 進法などの n 進法　117

第 3 章　図形　121

3.1　基礎的な言葉の定義　122

3.2　三角形と四角形　126

3.3　角度と面積　131

3.4　円　146

3.5　昔からある文章問題の解法（その 2）　154

3.6　合同と拡大図・縮図　156

3.7　立体図形　164

第4章　量と変化 177

4.1　時間・距離・速さ　178

4.2　比例・反比例のグラフと概算　181

4.3　割合　185

4.4　比　192

4.5　平均とは何か　195

4.6　昔からある文章問題の解法（その3）　197

第5章　場合の数とデータの活用 203

5.1　場合の数　204

5.2　昔からある文章問題の解法（その4）　208

5.3　いろいろなグラフ　210

付録　小学校学習指導要領（算数編）との対応　217

参考文献　223

索引　224

第1章

基本的な考え方

002 ● 第 1 章 ｜ 基本的な考え方

1.1 算数・数学に苦手意識を植えつけてはならない

　大学の教員になって 2019 年 3 月でちょうど 41 年になり，その間，学習院大学理学部，城西大学理学部，慶應義塾大学商学部，東京理科大学理学部，そして現在の桜美林大学リベラルアーツ学群などの専任教員のほか，岩手大学，法政大学，東京女子大学，東京電機大学，そして現在の同志社大学理工学部などの非常勤講師とを合わせて，のべ約 1 万 5 千人の文系・理系の大学生をほぼ半分ずつ指導してきました．これらにおける経験は，数学教育を語るときには大きな財産になっていることは確かです．

　それらとは別に，学生時代から大学院生時代，さらにその後しばらくの間，算数・数学に関するたくさんの家庭教師を引き受けてきました．親御さんからの要望は，入試に合格することや日頃の成績の向上などですが，打ち合わせのときに親御さんの勉強についての考えなどをよく聞きます．意外と多いのが，家系的に算数・数学が得意とか苦手とかということで，どちらの発言にもとまどうことがしばしばです．

　「家系的に得意」という場合はおもに，現在与えられている算数・数学の教育環境が子どもにはマッチしていないので，適切な指導を要望するものです．学校や塾の先生の指導法に対する違和感を聞かされる場合が多いのですが，一週間が，ピアノ，お絵かき，バイオリン，水泳，塾，などのおけいこ事でふさがっていて，算数・数学の学びにゆっくり時間をつくってもらうことが不可能な場合も少なくなかったことを思い出します．

　「家系的に苦手」という場合はおもに，親御さん自身は苦手だったものの，子どもには算数・数学の学びで苦労させたくないというもので，話し方は意外と謙虚です．しかし，この謙虚な発言がお子さんのいるところでされることもあって，困惑したことがありました．この種の発言を多くの場面でされているようで，お子さんは「自分は血筋から算数・数学は苦手」と決めつけてしまうのです．それに対して，「自らが例外となって，算数・数学を得意になってみよう」と発奮されるお子さんはほとんどいないようです．

　実際，現在教鞭を執っている桜美林大学はもともと文系中心であったこともあり，数学嫌いな大学生が多く在籍しています．その中には，「家系的に数学は

苦手」という意識を子どもの頃から植えつけられた学生も少なからずいます．何年か前に桜美林大学の学生から得たアンケート結果をもとにして，『人はなぜ数学が嫌いになるのか』（PHP サイエンス・ワールド新書）を出版しましたが，まとめ方にもう一工夫すれば良かったと反省しています．

　暗記科目の場合は，暗記にかけた時間に比例して記憶量は増していくでしょう．したがって，自らに「暗記は苦手」という暗示をかけたところで，時間をかければ記憶量は増えるものです．ところが算数・数学に関しては，「自分は家系的に苦手」という暗示をかけると，問題を少し考えただけで「自分には解けないかも知れない」という不安感が高まって，考えることをストップしてしまいます．

　これが一番の問題点で，「苦手」という暗示があまり影響しない暗記科目に比べて，「苦手」という暗示が大きく影響する算数・数学のマイナス面が現れてしまうのです．本来は，考えることをストップさせるような暗示ではなく，考えることを続けさせる「励まし」を求めたいのです．

　日本には，上で述べたような家系的にものをいうこととは別に，性別的に何かをいうことも少なくありません．算数・数学に関しては，古くから「女子は理数系に不向き」という困った迷信があります．一昔前のデータですが，『国立教育研究所紀要』第 119 集（1991 年）によれば，高校三年生で理数系クラスに在籍する女子の割合は日本だけ約 2 割で，他の国はすべて 4 割ぐらいありました．現在，この状況は若干改善されてきたものの，根本的に大きく変化したとは考えられません．

　振り返って，私が 22 年間所属した理学部数学科の成績優等生のほとんどが女子でした．イタリアやイランでは，数学科に在籍する女子学生の総数は男子学生を上回っているぐらいです．

　そのような事実を知っているだけに，かつて家庭教師宅の親御さんから，「ウチの子は女の子なので理数系は無理としても，大学の文学部にはぜひ行かせたいです」とお子さんの前で言われると，「家系的に苦手」という暗示と同じように聞こえてしまいました．上で述べたような，数学の苦手意識を植えつけるような暗示は慎みたいものです．

私が尊敬する歴史的な数学者にエンミー・ネーター（1882–1935）という女性数学者がいました．素因数分解の概念を抽象化させたイデアル論というものの研究は，代数学の歴史において特筆すべきものです．彼女の存在ゆえにゲッチンゲン大学で，女子も正規学生となることができ，さらに女子も大学の教員になることができるようになったのです．

1.2　努力する姿勢と成功体験による自信

　何ごとも努力なしで向上するものはありません．これには，努力している意識はないものの，好きになって夢中に取り組んでいる対象も含みます．もっとも，努力している姿を他人に堂々と見せる人もいれば，見せない人もいるでしょう．

　現在現在教鞭を執っている桜美林大学で数学の教職を目指す学生の中には，大学入学時には高校で習う「数学 III」や「数学 C」を学んでいない学生もいます．そのような学生には 1 年次の教職課程のガイダンス以降，私はそれらの高校数学科目をまず全力で学ぶように指示して，必要な場合には参考になる拙著をプレゼントして励まします．それから半年後に小テストをして成果を見ると，努力の結果がはっきりと分かります．成果が現れた学生には努力を誉めると，それが励みとなって大学の数学も真剣に取り組み波に乗るようです．

　大学生に対する指導でもそうであるので，まして小学生に対する指導ではなおさらで，一般に「努力を誉めるとプラスに作用」するものです．これは私の言葉ではなく，小学生時代（慶應義塾幼稚舎）の 6 年間お世話になった担任の先生のお言葉です．その先生が担任であった幼稚舎の卒業生には，慶應義塾大学長を歴任された安西祐一郎さんほか，社会で活躍された多くの方々がいます．ちなみに，私自身が桜美林大学で算数・数学が苦手な大学生に対しても生き甲斐を感じながら全力で指導ができるのはその先生のお陰で，勉強の苦手な生徒に対する心配りを幼少時に見習いながら育ったからだと考えています．ここまでに述べてきたことは，恐らくあらゆるジャンルで言えることでしょう．

　前節では算数・数学は「苦手」という暗示を子どもたちに植えつけることの

マイナス面を述べましたが，反対に「やればできる！」という自信を子どもたちにもってもらうことのプラス面を指摘したいと思います．

そのような自信をもって問題に取り組むと，諦めないで時間をかけて考え抜くことができます．それで解くことができれば素晴らしいですが，仮に正解までたどり着かなくても，時間をかけて考えた部分は面として広がっています．それゆえ，その段階から正解までの道順を教えてもらうと，着実に自分のものになるのです．

ところが，問題を見てすぐに諦めてしまい，その段階から正解までの道順を教えてもらうと，出発点から正解までの細い一本の道順しか頭に残らないことになります．したがって両者を比較すると，前者の場合は正解までの道順が面として広がっているので応用問題にも適応できますが，後者の場合は正解までの一本の道だけが頭に残っているので応用問題には適応できません．

上で述べたことは，山道で迷った登山者や車道で迷った運転手さんが，いろいろ迷った後に正しい道順を知る場合と，ちょっと迷った段階ですぐに正しい道順を知る場合とを比べてみる，たとえ話としても理解できるでしょう．

それでは本節の最後に，算数・数学について苦手意識の強い生徒や学生に対して，どのようにして自信をもつように指導するかについて，私自身の経験から編み出した方法を述べましょう．学生・大学院生時代から家庭教師として100人近くの生徒や，大学教員（非常勤講師を含む）として文系・理系合わせて授業で指導した約1万5千人の学生，200校を超える小・中・高校での出前授業，それらを通して一つの方法しかありません．

それは，まずいくつかの質問によって，どこまで分かってどこからが分からないのか，というつまずきの箇所をすばやく見つけ出すことです．そのためには，生徒や学生の表情をうかがうことは当然として，相手の立場に立って心の中の様子も理解するように努めます．ちなみに桜美林大学でも，「大学の先生なのに，小学校の先生みたいにしょっちゅう挙手させる人」と学生に言われています．

そのようなつまずきの箇所を見つけてから，生徒や学生が解けそうなギリギリの問題から始めて，褒め言葉を交えて自信をもたせながら，徐々にレベル

006 ● 第1章 | 基本的な考え方

アップさせていくのです．この過程において，「解けそうなギリギリの問題を瞬時に頭の中で見つけ出すところが良い」と生徒や学生から言われます．どうも，このあたりの指導が一つの要点になると考えています．

1.3 「数学が苦手な生徒はマークシート問題だけ解ければよい」という迷信

　世間には，「数学が苦手な生徒はマークシート問題だけ解ければよい．記述式の問題を解くのは，数学が得意な生徒だけで十分である」という "迷信" が一部にあります．これに関して桜美林大学の学生にいろいろ尋ねたこともありますが，ある学生が述べた次の回答には目が覚める思いがしました．

> 「たしかに試験の点数を取ることを考えるとマークシート問題の方が便利かも知れません．しかし苦手な者でも，本心は時間をかけででも数学を本当によく理解したいのです．苦手な者は理解する必要はなく，答えの当て方だけ覚えて試験にパスすりゃいいじゃないか，という苦手な者を少しバカにする態度がなくならない限り，大多数の生徒が数学好きになることはないと思います．理解の遅い生徒にマッチした教育体制もとれるように，日本の制度を変えてほしいです」

　この学生の回答こそが，日本の算数・数学教育にある本質的な問題点を突いているのです．そこで，数学マークシート問題の問題点を簡単に述べましょう．
　$xyz = 1$ ならば，

$$\frac{2x}{xy + x + 1} + \frac{2y}{yz + y + 1} + \frac{2z}{zx + z + 1} = \Box \quad \cdots (*)$$

という問題を考えるとき，

$$x = y = z = 1$$

という特殊な状況を仮定すると，（＊）の左辺は

$$\frac{2}{3} + \frac{2}{3} + \frac{2}{3}$$

となって，答えの 2 がばれてしまいます．

本来ならば，$xyz = 1$ という条件から導かれる文字式を（＊）に代入して，少し長い文字計算を経て，最後に □ ＝ 2 を導くのです．要するに，上で示した解答はマークシート式試験だと，答えだけで採点するので満点です．しかし記述式試験のときは，$xyz = 1$ を満たすすべての場合については論じていないので，0 点の解答です．

数学マークシート問題の問題点は，上で紹介した「文字に具体的な数値を代入して答えを当てる」という核心的な裏技の他にもいろいろあります．「学習指導要領の範囲から答えを当てる」というものもあります．それは，試験範囲が「高校数学 II」までならば，

$$\sin(\Box x) \quad とか \quad \int x^{\Box} dx$$

という □ に数字を入れる問題では，学習指導要領の範囲からどちらの □ にも 3 以上の整数は入りません．そこで，□ ＝ 2 という答えを書けば，ほぼ正解になります（□ ＝ 1 という正解はまずない）．実際，1990 年代に大学入試センター試験で出題された $\sin(\Box x)$ は全部で 9 題あって，すべて □ ＝ 2 でした．

他にも，大小の性質を利用して答えを見つける方法もあります．某県の教員採用試験で出題された次のマークシート問題を見てください．

問題　四角形 ABCD と DEFG は，どちらも 2 つの辺の長さが 1 と 2 の長方形で，点 G は辺 AD の中点である．いま長方形 DEFG を固定して，点 D を中心として長方形 ABCD を右にゆっくり回転させ，長方形 DEFG と重なったところで止める．このとき長方形 DEFG において，線分 AD が回転して通った部分と重ならない斜線部分の面積を求めよ．なお，π は円周率（約 3.14）である．

解答群：　（ア）$\dfrac{6 - \pi + \sqrt{3}}{3}$　（イ）$\dfrac{6 - 2\pi + \sqrt{3}}{3}$　（ウ）$\dfrac{12 - \pi - 3\sqrt{3}}{3}$

（エ）$\dfrac{12 - 2\pi - 3\sqrt{3}}{6}$　（オ）$\dfrac{12 - 2\pi + 3\sqrt{3}}{6}$

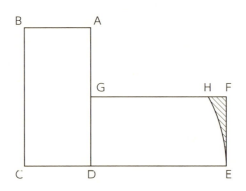

　裏技の解答として，辺 GF の中点を M とすると，直角をはさむ 1 辺の長さが 1 の直角二等辺三角形 MEF の面積は 0.5 です．また，求める斜線部分の面積はそれよりだいぶ小さいように見えます．そこで，近似値

$$\pi \fallingdotseq 3.1, \quad \sqrt{3} \fallingdotseq 1.7$$

を（ア），（イ），（ウ），（エ），（オ）それぞれに代入してみると，（ア），（ウ），（オ）は 0.5 より大きく，（イ）はほぼ 0.5 であることが分かります．したがって，答えは（エ）となります．

　ちなみに問題の正しい解答は，線分 GD と線分 HD の長さはそれぞれ 1 と 2 なので，角 HDE は 30° であることが分かります．そこで，三角形 GDH と扇形 HDE の面積が求まるので，正解の（エ）が導かれるのです．本来は，このような考え方に沿って一歩ずつしっかり記述しなくてはなりません．

　上で述べてきたことを踏まえて話を冒頭の"迷信"に戻すと，要するに「数学が苦手な生徒は，プロセスはいい加減でもマークシート問題で答えを適当に当てて，点をとって終らせればいいじゃないか」となるのです．このような考え方を一般化させた「目的のためには手段を選ばず，結果が良ければそれで OK」という考えが，日本国中に蔓延している現状にも目を向ける必要があるかも知れません．

　先ほどの学生の回答は，そこまで一般化して捉えているのではなく，「本来，数学は一歩ずつ理解して積み上げていく学問ではないか」という数学のあるべ

き姿との矛盾に目を向けているのです．さらに，その矛盾を解決させるためには，算数・数学の学習内容が学年配当式になっている日本の教育システムを抜本的に改革し，諸外国にあるような年齢とは無関係に，「理解に応じたカリキュラム」で学ぶシステムへの移行を期待するものなのです．

それに応えるためには，国が数学という教科の重要性と特殊性を鑑みて，重大な決意をもって数学教育改革を起こす必要があるでしょう．私自身は今後とも，この大きな課題を忘れずに生きていくつもりです．

さて，本書の主題である算数教育への影響を考えると，冒頭の"迷信"は数学教育に留まらず算数教育にも悪影響を及ぼしています．すなわち，「算数なんかは，理屈はどうでも，適当に答えを当てればいいじゃないか」という困った考えが，保護者の間にも広く浸透しています．私がここ数年，ことあるごとに「算数・数学は答えを当てるものではなく，答えを導くもの」と発言したり書いたりしているのは，その考えがこれ以上広がるのを阻みたいからです．

その目的はおもに二つあります．一つは，算数・数学は「数」という客観的なものを用いて，物事を論理的にしっかり説明する力を育みます．グローバル化やAIの時代には，この力は益々必要なものになります．その力は，「理屈はどうでも，適当に答えを当てればいいじゃないか」という考えではほとんど育まれません．「論理的に一歩ずつ積み上げて答えを導く」という考えをもってこそ，その力は育まれるのです．

もう一つは，「算数なんかは，理屈はどうでも，適当に答えを当てればいいじゃないか」という考えは，「算数・数学は『やり方』を覚えて真似をする教科である」という短絡的な発想に陥って問題を取り組んでしまうことに繋がります．

この発想に陥って問題を取り組んでいくと，しばらくは試験の成績は悪くならずにステップアップしていきます．ところが「やり方」を忘れてしまうと，年月の経過とともに基本的な問題ですら解けなくなってしまう，という弊害が徐々に現れてきます．これは当面の受験指導をしている学校や学習塾の先生方，あるいは大学で基礎的な数学の学び直しの授業を担当した経験がない先生方では，なかなか気づくことが難しいことなのです．それでは，その「きっかけ」

と「気づいた内容」の例を以下に述べましょう.

　大学生の就職状況がまだ悪かった 2010 年ごろ，私は桜美林大学で就職委員長としての立場から「就活の算数」という夜間のボランティア授業を，後期の毎週木曜日に行っていました．正規の授業と合わせて週に 10 コマ近い授業ゆえに苦労もあったものの，学生が算数・論理などの非言語適性検査問題を解けるようにすることを目標にしただけに，頑張り続けることができました．その授業内容は拙著『就活の算数』（セブン＆アイ出版）にまとめてありますが，私が「ボランティア」ならば学生は「単位認定ナシ」でした．2 年間で受講したのべ 1000 人近くの学生の感想には感激したコメントが圧倒的に多く，昔の寺子屋を想像したほどです.

　その授業を通してとくに注目したことは，多項式の範囲での微積分の計算は得意であっても，比と割合の概念が分かっていない学生が予想外に多くいたことです．その原因を学生に対するさまざまな質問によって確かめたところ，「〜に対する … の割合は △%」，「… の〜に対する割合は △%」，「〜の △% は …」，「… は〜の △%」という 4 つの文の意味はどれも同じであるにもかかわらず，自分の頭で考えることなく「やり方」の暗記に頼るあまり，それらの意味を混乱していたのです.

　関連する例を挙げると，食塩水の濃度は「塩÷（塩＋水）」を計算することになりますが，「『塩÷水』ですか，それとも『塩÷（塩＋水）』ですか？」という質問がいくつもあったのです．また，速さ・時間・距離に関する問題では，円の中に「は・じ・き」などと奇妙なものを書く癖があって，速さ・時間・距離の関係を誤って使うあきれた解答に限って，「は・じ・き」が残っていたのです．そして重要なことは，「食塩水の濃度の問題や，速さ・時間・距離の問題は，以前に習ったときにはよくできたのですが，『やり方』を忘れてしまって，多分，私の答えは正解にはなっていないと思います」という学生が相当多くいたことです.

　要するに，そのように言うような学生諸君は，「やり方」中心の教育の犠牲者なのだと，私は悟ったのです．実際，「就活の算数」の夜間ボランティア授業

に対する感想は感激したものが多かったものの，気になったところも少なくありませんでした．それらには，「今まで受けてきた算数や数学の教育で，ものごとの意味をしっかり教えてくださった授業は他にありません」という共通した特徴があったのです．本書の2章以降では，そのような犠牲者をこれ以上出さないことを目的として，上で紹介したことがらを含めて，「やり方」中心の教育に陥りやすいところを丁寧に説明していきます．

　ここで，最近の子どもたちが昔と比べて，比と割合の概念が苦手になったことを示す大規模調査結果のデータを紹介しましょう．2012年度の全国学力テストから加わった理科の中学分野（中学3年対象）で，10%の食塩水を1000グラムつくるのに必要な食塩と水の質量をそれぞれ求めさせる問題が出題されました．その中で，「食塩100グラム」「水900グラム」と正しく答えられたのは52.0%に過ぎなかったのです．昭和58年に，同じ中学3年を対象にした全国規模の学力テストで，食塩水を1000グラムではなく100グラムにしたほぼ同一の問題が出題されましたが，このときの正解率は69.8%だったのです．

　2017年の前半に，教育熱心な大学の先生から電話が入り，「先生の書かれた『就活の算数』に感激しました．今の大学生は比と割合の概念が苦手で，「は・じ・き」は本当に困ります．ぜひ，私たちの大学のFD（教員研修会）に来ていただき，講演をしてください」という内容でした．喜んでお引き受けしました．それから数か月後に講演会は実現し，参加された教育熱心な先生方の姿勢に本当に心を打たれました．

1.4 ｜ 試行錯誤のすすめ

　かつてNHKのテレビに，「プロジェクトX～挑戦者たち～」という人気ドキュメンタリー番組がありました．5年9か月にも渡った番組で，戦後の日本の発展に寄与した「成果」は番組の最後に紹介し，その前段階にある失敗や苦労を重ねる姿に光を当てた点が感動を呼びました．

　およそ画期的な製品や発想を生み出したさまざまな過程を見ると，なかには偶然に思いついたものもありますが，多くの場合，その陰にはたくさんの失敗

012 ● 第1章│基本的な考え方

や苦労があるものです．そのような段階での数多くの試行錯誤には，「何か手はある！」という諦めることのない精神が支えています．今後の社会構造を考えても，創造力をもった人材の育成が大切なことはいうまでもありません．そこで子どもたちに対する教育では，幼少時の頃からそのような精神を育むようにすることが期待されます．

算数教育では，スピードを競って単純な計算練習を繰り返し行うことや，「やり方」を真似するだけの問題を数多く解くことを別にすると，じっくり問題に取り組むときには，いろいろな試行錯誤を頭の中で行っているものです．

そのように算数の問題に取り組むことは，上記の精神を育む上で幅広くプラスに作用しますが，できればアクティブラーニングをも念頭に置いて，多くの子どもたちが参加して楽しくチャレンジできる問題が望ましいでしょう．そのためには，予備知識がほとんど不要で，算数・数学教育として意義のあるものが理想だと考えます．本書では，その点を考慮した問題も積極的に取り上げていくつもりです．

とりあえず本節では，2つの問題を取り上げましょう．

問題1　外見が同一のオモリが13個あり，そのうちの1つだけ他と重さが違うとする．それは他と比べて軽いか重いかは分かっていない．天秤を3回使ってそのオモリを決定する方法を述べよ．

解答を簡単に述べます．1回目は，4個のオモリの集合Sと4個のオモリの集合Tで比べます．その他の5個のオモリの集合をUとします．

（1）1回目に釣り合った場合．

SとTは正常とわかるので，その中の3個のオモリとUの3個のオモリで，2回目を比べます．これで（天秤がどちらかに）動けば，たとえばUの3個が上に動けば，そのUの3個に軽いものがあるので，あと1回で決定できます．2回目でも動かなければ，最後の1回は，正常な1個とUの他の2個のうちの1個を比べればよいのです．

（2）1回目に釣り合わなかった場合．

Sが上がってTが下がったとします（Sが下がってTが上がった場合も同

様）．すると S に軽いか T に重いオモリがあることになります．2 回目は，天秤の左に S から 3 個のオモリ，および T から 1 個のオモリを乗せ，天秤の右には S から 1 個のオモリ，および U からの正常な 3 個のオモリを乗せます．このとき，次の（ア），（イ），（ウ）に分けて考えます．

（ア）左が上がって右が下がる場合．

左に乗せた S からの 3 個のオモリに軽いものがあるので，あと 1 回で違うオモリを決定できます．

（イ）釣り合った場合．

2 回目に乗せなかった T の 3 個のオモリに重いものがあるので，あと 1 回で違うオモリを決定できます．

（ウ）左が下がって右が上がる場合．この状況では，2 回目に左に乗せた T の 1 個のオモリか右に乗せた S の 1 個のオモリが違うものになるので，あと 1 回で違うオモリを決定できます．

上の問題は，次の定理に拡張できます（$n=2$ の場合が上の問題）．

13 個のオモリの場合が理解できた次には，$n=3$ の場合（オモリの個数は 40 個）にチャレンジしてみることをお勧めします．

定理 n を自然数とし，外見が同一のオモリが $\dfrac{3^{n+1}-1}{2}$ 個ある．そのうちの 1 つだけ他と重さが違うとし，それは他と比べて軽いか重いかは分かっていない．このとき，天秤を $n+1$ 回使ってそのオモリを決定することができる．

実は，オモリが 13 個の場合の問題は，現在までの大学教育人生 40 年間で，たまに学生にチャレンジさせてきました．そして，大きな流れを感じています．それは，以前は解けるまでほとんどの学生がチャレンジしていましたが，現在はものの 2，3 分考えただけで，「先生，この問題のやり方を教えてください」という学生が次々と現れます．要するに，ものの 2，3 分しか考えないのです．以前は 30 分を経過した頃に，「それでは解答を発表しましょう」と言うと，「先生，いま考えているから，答えを言うのはやめてください」と “抗議” する学生が何人もいました．今後，そのような学生が復活することを心から期待してい

ます．

問題 2　立方体の展開図は何種類できるかを求めよ．

先に答えを述べると，下図の 11 種類になります．

この問題で大切なことは，いろいろと試行錯誤しながら 11 種類を各自で見つけることなのです．仮に 9 種類しか見つけられなくても，試行錯誤して探すことが大切なのです．

かつて小学生に対する出前授業の後に，引き続いて保護者向けの講演をしました．そのときこの問題も取り上げましたが，ある保護者から「先生，この問題は『答えが 11 個』ということを子どもに覚えさせておけばいいのではないでしょうか」と言われて，心底参ってしまいました．

一方，桜美林大学の 2017 年度ゼミナールに所属する数学的センスの良い女子学生に，受けてきた教育を探る質問をしたとき，「私が学んだ小学校では，立方体の展開図が全部で何個あるかを皆で考えたりするような楽しい授業がたくさんありました」と答えたのです．そのとき私は小躍りして，それと同じことを拙著に書いたことを伝えました．

テレビゲームやスマートフォンが全盛の現在，平面的なそれらとは本質的に違う立体的な遊びが大切になっています．工業立国日本を興した大企業では，

いまだに昔の機械を動くようにして，立体的センスを養うための新入社員教育を行っているほどです．展開図の学びは，その意味からも意義のあることなのです．

1.5 記号は言葉，数式は文章

現在の道路標識で「最高速度は時速 50 km」や「駐車可」を示すものは下図です．

もし上図の標識を下図のように示したらどうなるでしょうか．おそらく車は，標識の前で一時停止せざるを得なくなるでしょう．

上のことから，記号とは何らかの言葉であって，曖昧でなく，覚えやすく，見やすいものでなければならないのです．そして，意味が分からない道路標識に対しては気軽に他人に質問するように，その意味が分からなくなったり忘れたりしたときには，遠慮なく質問して学習を効率的に進めればよいのです．この点がとくに留意すべきでしょう．

ところが数学嫌いな人に限って，恥ずかしがって分からない記号の意味を他

人に質問しない傾向があります．これは美徳でもなんでもないことで，「数学は，分からない記号がたくさんあるから嫌いです」と言うようになっては，「〜語は，分からない単語がたくさんあるから嫌いです」ということと同じであることを理解してもらいたいのです．

次に，数式は文章なのです．たとえば，

$$2x + 3 = 11$$

という方程式は，「x を 2 倍して，それに 3 を加えると 11 になる」という文章と同じです．また，

$$\triangle ABC \equiv \triangle DEF$$

という合同式は，「三角形 ABC と三角形 DEF は，ぴったり重なる三角形である」という文章と同じです．

したがって，数学が嫌いで国語は好きな生徒が，「私は数式が大嫌いです．でも文章は大好きです」と言うことは，本当はおかしいのです．しかし，この種の発言は多くの中高生からよく聞きます．そして，「数式が大嫌い」と言う生徒と「数学が大嫌い」と言う生徒は，ほぼ同じであるように思います．

そこで，とくに数学嫌いな方々には，まず「数式は文章である」ということを訴えることが大切です．さらに，英文和訳と和文英訳があるように，数式文訳（数式 → 普通の文章）と文章式訳（客観的な文章 → 数式）の両方をしっかり学ぶことが大切です．

とくに算数の現場においては，「文章問題で式を立てる」という部分が一つの大きな課題になっています．「算数は得意」という子どもでも，この部分が非常に苦手という場合もあります．これは国語の課題であって，文章を的確に理解する力をつける必要があるでしょう．

最近，「有効求人倍率」のネット上でのある説明で，公共職業安定所で仕事を探している人数 a に対する，企業から寄せられている求人数 b の倍率を，「$b \div a$」としなくてはいけないのに「$a \div b$」となっていたのです．

文章式訳に関してはなるべく慎重に行って，見直しもすることが大切です．

1.6 計算練習は多様なものを行い，スピードアップは最後の仕上げ

　偏食は健康にとっては問題で，何でもバランス良く食べることが重要です．同じことが計算練習でもいえます．すなわち，いろいろな形の計算練習を幅広く行うことが大切なのです．

　実は2000年になってからしばらくの間，$3+4$ や 3×4 などのような「2つの簡単な整数の足し算や掛け算を素早くたくさん行うと脳が活性化する」という考えのもとで，そのような計算ばかりが大流行りしたことがありました．その結果，「$3+2 \times 4$」のような3つ以上の数による四則混合計算の練習が疎かになってしまったのです．

　2006年7月に国立教育政策研究所は「特定の課題に関する調査（算数・数学）」（小4〜中3，約37,000人対象）の中で次の結果を発表しました．小学4年で学ぶ四則混合計算について，「$3+2 \times 4$」の正解率が小4，小5，小6となるにしたがって，73.6%，66.0%，58.1%と逆に下がっていく珍現象があったのです．この結果から，2つの数の計算練習ばかりでなく，3つ以上の数による四則混合計算の練習も大切なことが分かるでしょう．

　私は同年7月15日の産経新聞に，

> 「四則計算の理解不足は，3項以上の計算がほとんどなされていないのも原因．2項だけの計算ドリルが流行し，現行の教科書も3項以上の計算が激減している」

というコメントを発表し，これは今でも科学技術振興機構の「Science Portal」同年7月21日付「小学高学年ほど四則計算が苦手」というネット上の記事でも好意的に解説されています．

　「ゆとり教育」の時代には，算数の教科書における四則混合計算の問題は激減してしまいました．それどことか，小数・分数の混合計算はなくなり，また3桁×2桁以上の掛け算もなくなりました．それらを含むデータをまとめた表があるので示しましょう．

　算数・数学教科書でシェアの大きいA社，B社の教科書について，2013年度ゼミナール生だった佐藤萌さんに教科書研究センターで調査してもらいまし

た．次の表の①〜④は，①小数・分数の混合計算（小学校教科書），②3つ以上の数字が入った四則混合計算（小学校教科書），③3桁×2桁以上の掛け算（小学校教科書），④全文記述の証明問題（中学校教科書），それぞれの問題数についての1970年と2002年の比較調査結果です．

	①	②	③	④
A社（1970年）	60	133	87	200
A社（2002年）	0	39	0	64
B社（1970年）	12	33	92	201
B社（2002年）	0	22	0	63

　④に関しては中学数学のことでもあり，これを取り上げると熱くなって大幅に脱線してしまいますので，ここでは割愛します．また②に関しては上で取り上げました．そこで以下，①と③について述べたいと思います．

　①の小数と分数の混合計算については，どちらかに統一しないと計算ができないことは明らかです．「ゆとり教育」以前の世代の人たちならば算数の授業で練習を積んだこともあって，小数と分数の混合計算については大概できました．ところが，頭の中には教え込まれても練習がなければ，その種の計算は満足にできるはずがありません．実際のところ，小数と分数の混合計算を学ぶことなく中学校に進学した生徒は，中学校の1次方程式の問題の中に小数と分数が混ざっていると，上手く解けなかったのです．そこで，中学校の数学教育の現場から，強い批判の声が噴出しました．

　③については「ゆとり教育」の本質部分であるので，少していねいに述べましょう．2002年の学習指導要領の改訂では，「2桁どうしの掛け算ができれば，3桁どうしの掛け算などもできる」という無責任な考え方によって小学校の算数では，諸外国や過去の日本の教育に例を見ない2桁どうしの掛け算の教育だけで掛け算の教育を終らせてしまったのです．私は逸早くその誤りを2000年5月5日の朝日新聞・論壇「『円周率3』に隠された問題」などで訴えましたが，そのまま新学習指導要領に移行してしまいました．

　「ゆとり教育」を巡る議論の中心課題として「円周率は約3でいいか，3.14に

すべきか」ということが話題になりました．これに関しては実際のところ，「ゆとり教育」を支持する方々も指摘のとおり，00 年代前半の算数の教科書にも「円周率は約 3.14」という記述はあったのです．

しかしながら，たとえば半径が 11 cm の円の面積では

$$11 \times 11 \times 3.14 = 121 \times 3.14 \ (\mathrm{cm}^2)$$

となるように 3 桁 × 3 桁 の掛け算があり，それが「学習指導要領範囲外」という背景があって，「円周率は約 3 として計算してもよい」となったのです．要するに，円周率の議論の背景には掛け算の桁数の問題が本質的にありました．

このことと前後して前出の教科書研究センターに何回か通って，昔の教科書や諸外国の教科書を調べました．国民学校時代の「初等科算数六」では，筆算の問題として

$$44.9 \times 428.7 \qquad 65.2 \times 73.29 \qquad 7.61 \times 853.7$$

が載っていました．

一方，諸外国の教科書の扱いを見ると，『General Mathematics（1986, Addison Wesley）』，『Mathematik 6. Schuljahr（1993, Cornelsen）』，『Mathematics Book Five（1989, National Council of Educational Research and Training）』，『数学の演習 4-1（1998, 国定教科書株式会社）（ハングル）』は順にアメリカ，ドイツ，インド，韓国の算数教科書ですが，3 桁どうしのたて書きでの掛け算の仕組みの説明がありました．

また，シンガポールの算数教科書『Primary Mathematics 5B（1984, Federal Publications）』は 3 桁 × 2 桁 の説明でしたが，同国の中学校数学教科書『Mathematics 1（1992, Shing Lee Publishers）』の最初に 4 桁 × 3 桁 のたて書き掛け算のていねいな説明を載せていました．さらに，中国の算数教科書『義務教育六年制小学実験課本数学第六冊（2000, 湖南省教育出版社出版）（中国語）』を見ると，3 桁 × 2 桁 の説明が載っていましたが，408×24 のような間に 0 が入る数の掛け算をわざわざ一項目設けて説明していました．

ここで，私が 3 桁どうしの掛け算に，これほどまでにこだわった本質的な理由である「『3』の意義」を述べましょう．その理由は，ドミノ倒し現象やボッ

クスティッシュの構造を理解することでも分かります．

　まずドミノ倒し現象で，（ア）では倒す A と倒される B の関係しかありません．しかし（イ）では，倒す C と倒される E はそれぞれ A, B と同じですが，D は違います．D は C によって倒されると同時に E を倒しているので，「倒されると同時に倒す」働きをするドミノなのです．そのようなドミノの存在を強調して説明することが，ドミノ倒し現象を教える核心といってよいでしょう．

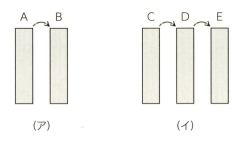

　次にボックスティッシュの構造ですが，ティッシュが残り3枚，2枚，1枚となったボックスティッシュの断面図を（ウ），（エ），（オ）によって示します．

　（ウ），（エ），（オ）の順にティッシュが1枚ずつ取り出されていく状態を見ることによって，ボックスティッシュの構造を理解できるでしょう．（エ）では引っ張るティッシュと引っ張られるティッシュの関係だけですが，（ウ）では引っ張られるティッシュが次のティッシュを引っ張る両方の作用を持つティッシュがあり，その存在が重要なのです．実はこのようなボックスティッシュはポップアップ方式と呼ばれ，シカゴの発明家アンドリュー・オルセンが1921年に考案したもので，（ウ）を気づいたことが歴史的な発明に繋がったのです．

　たて書き掛け算についても，ドミノ倒し現象やボックスティッシュの構造と同じように理解できます．

$$
\begin{array}{r}
76 \\
\times\ \ 49 \\
\hline
684 \\
304\ \ \ \\
\hline
3724 \\
\end{array}
$$

$$
\begin{array}{r}
493 \\
\times\ \ 738 \\
\hline
3944 \\
1479\ \ \ \\
3451\ \ \ \ \ \\
\hline
363834 \\
\end{array}
$$

（カ）　　　　　　　　（キ）

2桁どうしの掛け算（カ）では最初に $6 \times 9 = 54$ を行い，その十の位の5を，次に行う $7 \times 9 = 63$ に加えます．ここでは「5を渡すこと」と「5をもらって加えること」は，それぞれドミノ倒しの（ア）とボックスティッシュの（エ）に相当しています．

ところが3桁どうしの掛け算（キ）では，最初に $3 \times 8 = 24$ を行い，その十の位の2を，次に行う $9 \times 8 = 72$ に加えて74となり，さらにその百の位の7を，次に行う $4 \times 8 = 32$ に加えます．要するに，9×8 のところでは，「2をもらって加えること」と，「7を渡すこと」の2つの作業を行っていて，それはドミノ倒しの（イ）とボックスティッシュの（ウ）に相当しています．

もちろん，4桁どうしの掛け算になっても根本的に異なる作業が増えることはありません．したがって，たて書き掛け算の仕組みを理解させるためには3桁どうしの掛け算の理解がとくに重要なのです．だからこそ，2000年5月5日の朝日新聞や何冊かの拙著や論文で，3桁どうしの掛け算の必要性を訴えました．しかし当時は誰にも相手にされなかったばかりか，たて書き掛け算の件については，「一部に3桁どうしの掛け算が必要などと変なことを言う人もいますが，2桁どうしで十分です」などとさまざまな“批判”も浴びました．

もっとも私は，ドミノ倒し現象やボックスティッシュの構造以外にも，あみだくじを幼児に教えるときはたての線は3本以上が必要，女性が好む3連リングの仕組み，衝突振り子，高校数学の漸化式などの事例からも，いずれ皆さんには理解してもらえるという自信もありました．そして2006年に，事態は一気に動いたのです．

本節の冒頭でも紹介した2006年7月に国立教育政策研究所が発表した「特定の課題に関する調査（算数・数学）」（小4〜中3，約37,000人対象）では，

以下の結果も発表したのです．小学 4 年生を対象とした「21×32」の正答率が 82.0％であったものの，「12×231」のそれは 51.1％に急落．小学 5 年生を対象とした「3.8×2.4」の正答率が 84.0％であったものの，「2.43×5.6」のそれが 55.9％に急落．

それらを受けて，間もなく私は文部科学省委嘱事業の「（算数）教科書の改善・充実に関する研究」専門家会議委員に任命され（2006 年 11 月〜2008 年 3 月），掛け算の桁数の問題，四則混合計算の問題，小数・分数の混合計算の問題，等々についての持論が最終答申に盛り込まれ，その後の学習指導要領のもとでの算数教科書は改善されてきたと考えます．

ところで，計算練習を行うとき，答えのチェックは普通行うでしょう．そのとき，満点ならば良いのですが，9 割ぐらいできて安心することは悪い学びといえます．間違った問題の答えは，どこが間違ったかを調べ，正しい答えを導かなくてはなりません．さらに，少し時間（日数）をおいてから，間違った問題をもう一度挑戦してもらいたいのです．そのとき全部できるようになれば，それだけ上達していることになるのです．

そして，いくら計算練習だからといって，数式を乱雑に書く癖をつけると，後で困ることが起きてしまいます．たとえば，

$$3 + 2 \times 4 = 3 + 8 = 11 \qquad 答 11$$

と書くことは良い書き方です．しかし，これを

$$3 + \underbrace{2 \times 4}_{8} \qquad 答 11$$

のように，等号記号＝も使わないでメモ書き程度に書く癖をつけると，中学そして高校で難しい計算を行うとき，わけが分からなくなって間違えやすくなります．数学の命とも言える等号記号「＝」は，しっかりと書くように注意しなくてはなりません．

次に，新しい内容を学んだ後の計算練習は，初めはゆっくりていねいに行って，スピードアップは慣れてきてからにすべきです．自転車，包丁さばき，スキーなどの練習でも，初めはゆっくりていねいに行うでしょう．"怪我" がない

ことをいいことに計算練習でも最初からスピードアップを図ると，間違った計算方法を繰り返したり，数式を乱雑に書いたり，「＝」を省略する癖をつけたり，… の "事故" が起きてしまいます．

　要するに計算練習では，慣れるにしたがって徐々に扱いにくい数字が数式の中や答えにあるもので行いましょう．また，"綺麗な数字" ばかりを扱っていると，そうでない数字が現れると間違いやすくなってしまうばかりか，数字の全体像を誤解してしまいます．

　実際，中学や高校で学ぶ 2 次方程式について，方程式の係数がすべて整数であっても，解に無理数が現れることはごく普通なことです．ところが，因数分解で解けるような 2 次方程式ばかり練習していると，解に無理数が現れる 2 次方程式は珍しいものであると勘違いしてしまいます．これに関しては教育系の論文誌に発表したこともあります．いろいろな種類の計算ばかりでなく，いろいろな数字が現れる計算も忘れずに行いましょう．

　最後に，計算練習における電卓やパソコンの利用について一言述べます．上で指摘したような，多くのデータを集めるときには情報機器類の利用は当然プラスです．しかし本書で指摘してきた四則混合計算，3 桁どうしの掛け算，小数・分数の混合計算などを見ても分かるように，十分に身につけなくてはならない事項はいろいろあります．それらについての手計算を省略して，いきなり電卓やパソコンの利用で済ませようとする姿勢は，危険な発想だと考えます．

　実際，現在の大学生には，基礎的な計算も手計算で行うことができない学生が少なからずいて，就活の適性検査対策としての観点からも問題になっています．

1.7　見直しによって間違いを正すことが大切

　人間は神様ではないので間違いをします．そこで，大事に至らないように間違いを正すことが必要で，だからこそ見直しが大切なのです．毎年，学生のレポートを数多く見ますが，「確率」と「確立」の間違いは群を抜いて多く見かけます．おそらく，数学以外のレポートでは「確立」の方が多く，私のレポー

トでは「確率」の方が圧倒的に多く，さらに両者は「確」の字が同じなので，ワープロソフトが間違った字を出しても気づかないのでしょう．

確率と確立の間違いについては注意できたとしても，人間がしでかす他の間違いはそれこそ無限にあり，間違いを防止したり見つけたりするための広い範囲を覆う注意が求められます．さらに，そのような注意では，算数に関するものと数学に関するものを区別して論じることは，大した意味のないことでしょう．計算に関する注意は前節の後半で簡単に触れましたが，以下，算数全般に関する幅広い注意点をいくつかの観点から述べたいと思います．

たとえば，雑誌に2枚の絵があって，

「左右の絵には違いが5か所あります．それを見つけてください」

という問題があります．5か所という具体的な数字まで挙げられていても，意外と全部は見つけられないものです．まして，その設問が「左右の絵には違う点があるかも知れません．もしあれば，それを指摘してください」というようになると，問題の難易度は一気にアップします．

実際，提出した答案でいくつかの間違いに気づかなかった学生に，いろいろ質問したことがあります．「この答案には間違いがありますよ」とだけ伝えた場合，学生は自分で書いた文章を疑うことなく読んでしまうようで，なかなか間違いに気づかないのです．その一方で，私が「この答案には2つの間違いがありますよ」と伝えると，意外と簡単に2つの間違いを見つけ出すものです．

要するに見直しで大切なことの一つに，「疑う気持ちを強くもって文章を読む」ことがあります．もう一つ大切なことは，「文章を書いてからすぐに見直すより，少し時間を置いてから見直す方が間違いを見つけやすい」ということです．

これについては完成させた文書を見直す場合，少し時間をおいてから，慣れた思考回路をいったん切って一から組み立てるようにすると，多くのチェックが頭の中で行われます．慣れた道を進むより慣れない道を進む方が，あたりをキョロキョロしながら歩くのと同じだと思います．

認知心理学者ウェイン・A・ウィルケルグレンの書で，かつて数学者の矢野

健太郎が訳した『問題をどう解くか』の文庫化したもの（ちくま学芸文庫）の最後に，私は解説文を書きました．そこでもっとも重きをおいたのは，次の文です．

> 「問題がなかなか解けないときに，時間をおいてから再び挑んだり，他のやさしい問題を解いたあとで難しい問題に帰ってきたりする．こういう "あたため" の時間は非常に有効である」

この "あたため" は，イギリスの政治学者グレアム・ウォーラスの創造性過程モデルの4段階，準備段階・孵化段階・解明段階・検証段階のうちの，孵化段階に相当するものです．つまり，問題をあらゆる角度から調べ，いろいろ考え尽くした（準備段階）あと，良いアイデアが浮かばないとき，いったんは別のことをするか，何もしないで問題を意識の外に追いやり（孵化段階），再び問題に挑むと，"ひらめき（イルミネーション)" が訪れ（解明段階），最後にひらめきを現実的な解として顕す（検証段階）のです．

この 孵化段階については，数学者 G. ポリアも著書『いかにして問題をとくか』（丸善出版）の中で，ことわざ「枕に（と）相談せよ」を用いて指摘しています．

少し時間を置いてから見直すメリットは，ウィルケルグレンやポリアの書からもうかがい知ることができるでしょう．

次に，見直しに対する大きな心構えについて述べましょう．私は日頃から学生諸君に対し，次のことをよく言います．

> 「教科書に書いてあるから，新聞に書いてあるから，テレビで放送していたから，という理由で何もかも信用するのではなく，なるべく自分の頭で一から組み立てるようにするとよいのです．要するに，『皆と一緒』という安心感は危険なこともあり得る，ということを言いたいのです．もし何か疑問点や間違っていると思うことがあれば，堂々と質問すればよいのです．それは，社会的な大事件を未然に防ぐことにも繋がるかもしれません．実際，某金融法人が株式売買において，一桁間違えた価格で大量の売り注文を出した "誤発注事件" もありました」

当然のように学生からは，私自身が間違いを見つけた事例を知りたい，という要望を寄せられることがあります．そのとき，思い出に残る以下の3つを紹介することがあります．

一つは，某出版社の算数教科書（4年生用）の四則混合計算に関する規則を紹介する部分で，「カッコを優先」や「× ÷ は ＋− より優先」はあったものの，「計算は左から行うことが原則」という念を押す記述が抜けていたのです．その発見のきっかけは，栃木県の中学の数学教員をやっている昔の教え子が中心の研修会に出かけていったとき，

「芳沢先生，どうも『$16 \div 4 \div 2$』ができない新入生が目立ちます」

と言われました．そして東京に帰ってから教科書研究センターに出かけて行って，全出版社の算数教科書の該当する部分をチェックしたところ，某出版社の教科書だけその部分が抜けていたことを発見したのです．

その後，私は算数教科書を出版している全出版社の担当者が集まった席上で，「ここにお集まりのある出版社の教科書では，…」とその件をお伝えしました．しばらくして，その部分が修正されたことを確認し，わざわざ大きなニュースにしないで済ませた対応は良かったと振り返っています．

一つは，2006年の秋に「今の景気の拡大の期間は『いざなぎ景気』を超えた」というニュースがありました．これは，02年2月に始まった景気拡大が06年11月で58か月目となり，1965年11月から4年9か月に渡って続いた「いざなぎ景気」を超えたと当時いわれたものです．そのときのニュースで，「いざなぎ景気」の年平均成長率を11.5％としているものと，14.3％としているものの2つがあったのです．

この件を不思議に思って考えたところ，前者は相乗平均の発想で正しいものの，後者は相加平均の発想で誤ったものであることが分かりました．

私は06年11月の当時，そのような誤った報道をしたマスコミ数社に誤りについての説明をていねいに伝えましたが，「いざなぎ景気の年平均成長率14.3％は誤りで，正しくは11.5％」という訂正の記事やコメントは見聞きしま

せんでした．そこで少し間を置いてから，雑誌や著書に年平均成長率の説明を書いたことを思い出します．

このことについての正解を説明しましょう．まず，四半期すなわち3か月ごとの単位で考えることにすると，4年9か月とは3か月が，

$$4 \times 4 + 3 = 19（個）$$

あることになります．3か月ごとの平均成長率 1.0276 を 19 回掛け合わせた 1.0276 の 19 乗は約 1.677 になるので，4年9か月で 67.8%成長したいざなぎ景気の3か月単位の平均成長率は，約 2.76%になります．すると，年平均成長率は

$$1.0276 の 4 乗 = 1.115\cdots$$

となるので，いざなぎ景気の平均成長率は約 11.5%が正しいのです．

一つは，第2回 AKB48 じゃんけん大会で，

> 「トーナメント大会による上位8人の1位から8位までの全部を当てると，お気に入りのメンバーと雑誌の表紙を飾ることができる特典付」

というものがありました．ところが，「その確率は1兆5427億9448万640分の1」という雑誌やスポーツ新聞での記事，あるいはテレビ報道があり，それを見聞きした瞬間にその間違いに気づきました．私は，報道の誤りを訂正することは「数学教育の生きた教材として意義がある」と考え，誤りの本質を「週刊朝日」2011年9月23日号などに書いたことを思い出します．

誤りの本質は2つあって，1つは次ページの図（ア）の9人がブロック代表になる確率を全員 1/9 としたこと（左隅の2人のその確率は他の人の半分！）．

もう 1 つは図（ウ）のベスト 8 における順位が，8 人すべての順列があるとして計算されていたこと（優勝者と準々決勝で対戦した者は 5〜8 位にしかなれない！）．以上の 2 点です．

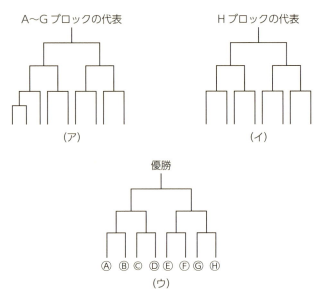

なお上の図で，Ⓐ，Ⓑ，…，Ⓗ はそれぞれ A ブロック，B ブロック，…，H ブロックの代表を表しています．

最後に，計算に関する見直しについて前節では触れなかったヒントを，2 つ紹介しましょう．一つは株式の誤発注事件のニュースを聞いたとき，改めてその意義を感じた「概算」の概念です．これは実社会でとくに役立つものなので，だからこそ就活の適性検査の問題によく出題されます．

もう一つは，理科的な計算においては，単位を付けた計算は重大なミスのチェックにもなることです．たとえば，時速 20 km で 5 時間進むと，

$$20 \text{ (km/h)} \times 5 \text{ (h)} = 100 \text{ (km)}$$

と書いて，答えの 100 km が出ます．次節で述べることになる「は・じ・き」などを用いる答案に限って，使い方を間違って（20 を 5 で割って）「答え 4 km」などという信じられない答えを書くこともあるのです．

1.8 「やり方」優先で忘れがちな言葉の定義

　大人の方々に「円周率πの定義を述べてください」という質問をすると，正解の「円周÷直径」より「3.14」という答えが圧倒的に多く返ってきます．「3.14」は円周率πの近似値に過ぎません．これは，言葉の定義を軽視して学んできた一つの証拠で，それほど酷くはないにしろ他にもいろいろあります．

　最近では大学生から，「%って何ですか？」という質問をたまに受けます．もっとも，このような質問を受けるのは特定の人に集中するようで，「先生だったら恥かしがらずに聞けるから」という言いわけ付きの場合が多くあります．私は百分率の意味から説明しますが，同時に質問の背景を逆に尋ねると，次のような回答がいくつかあったのです．

　「食塩水の濃度は，$\dfrac{塩}{塩+水} \times 100\,(\%)$ ですね．ここにある%って何だか分からなくなりました」

他にも，就活の適性検査で頻出の「速さ・時間・距離」に関する問題を解くとき，

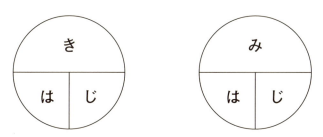

を利用する大学生がいます．ちなみに，「は・じ・き」と「み・は・じ」はそれぞれ

$$速さ \times 時間 = 距離, \quad 道のり = 速さ \times 時間$$

の意味ですが，変な間違いをしでかす学生に限ってこれをよく利用し，「速さ」の意味を怪しく理解しているのです．

　一方，全国学力・学習状況調査の算数（小学6年生）では，平行四辺形の面積を求める問題で次の結果があります．

(ア) 2007年度の問題 （正答率 96.0%）

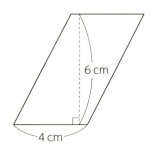

(イ) 2008年度の問題 （正答率 85.3%）

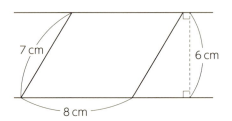

　(ア) と (イ) から，平行四辺形の面積が「底辺×高さ」ということは暗記していても，「高さ」で迷ってしまう小学6年生が約1割いることが分かります．
　そもそも言葉の定義や規則は，その必要性があるからできたものです．それだけに，定義や規則はしっかり頭に入れてほしいものです．小学校の算数，そして中学・高校の数学，さらに大学の数学となるにしたがって，それらの意義は高まります．それを痛感しているだけに，あえて本節を設けて，算数教育の段階から定義や規則を大切にする学びを訴えたかったのです．
　参考までに，たとえば中学・高校の数学では確率の前提となる「同様に確か」という言葉，大学の数学では線形代数学の第一歩にある「1次独立と1次従属」という言葉，それらの意味を軽視して学ぶ者は必ず大きな壁にぶつかります．だからこそ，中学数学や高校数学の学び直しの拙著，あるいは専門分野の数学の拙著などでは，言葉の定義をていねいに説明しています．

1.9 「すべて」と「ある」の言葉遣いを大切に

およそ欧米人ならば，子どもの頃から「すべて」（all）と「ある」（some）の言葉遣いは毎日の生活の中で育んでいます．しかし日本は，そうではありません．そこで，中学校の英語の授業で「all」と「some」をしっかり学びます．ところが，たとえば「not necessarily 〜」を「必ずしも〜でない」と訳すだけで終わるように，その深い論理的な面までは目を向けていないようです．

実際，「すべての生徒はスマホをもっている」，「ある生徒の身長は 180 cm 以上である」の否定文を大学生に述べさせると，それぞれ「すべての生徒はスマホをもっていない」，「ある生徒の身長は 180 cm 未満である」という誤った解答が正解より多くなります．ちなみに正解は，それぞれ「ある生徒はスマホをもっていない」，「すべての生徒の身長は 180 cm 未満である」となります．

余談ですが，私が東京理科大学から桜美林大学に移った 2007 年の東京理科大学工学部の数学入試問題で，本質的には「すべての生徒はスマホをもっている」の否定文を書かせるような問題が出題されました．驚いたことに，「〜，ということはない」という日本語固有のズルい解答が出てきて，焦ったことを思い出します．

私は大学で幅広い数学の授業をもって 41 年間を過ぎましたが，「高校数学をしっかり理解している者にとっては，『すべて』と『ある』の用法さえしっかり身につければ，大学数学としての微分積分学，線形代数学，集合・位相空間論，代数学初歩，幾何学初歩，解析学初歩などでつまずくことはない」という持論をもっています．

そのような背景があって，「小学生の頃から『すべて』と『ある』の用法を育むと良い」という考えを，講演会その他でしばしば述べています．ところが困ったことに，「算数教育では，『すべて』と『ある』の用法なんかはまったく関係ないですね！」というご批判をいただくこともよくあります．

そこで以下，算数でも「すべて」と「ある」の用法が大切であることが納得できるような例を二つ挙げて，本節を終りたいと思います．

最初は親子の会話です．子どもから始まります．

「毎月のお小遣い，クラスの生徒はみんな 1500 円以上だよ．だから僕のお小遣いも 1500 円に上げてちょうだい」

「そんなことないわよ．だってこの前，一郎君のお小遣いは毎月 1000 円だって，一郎君のママから聞いたわよ」

この会話は，本質的には上で述べた「すべての生徒はスマホをもっている」の否定文を作ることと同じです．

もとの文「すべての生徒は 1500 円以上のお小遣いをもらっています」
否定文「ある生徒は 1500 円未満のお小遣いをもらっています」

このような会話を通して，「すべて」と「ある」の用法を日常の会話等を通して身につけたいものです．

次は，台形と正方形の定義について注意しましょう．まず台形の定義は，「少なくとも 1 組の向かい合う辺が平行な四角形」です．また正方形の定義は，「4 つの辺の長さが同じで，4 つの角が直角の四角形」です．注意すべき点は，台形は，ある向かい合う 1 組の辺が平行であればよいのです．それゆえ，2 組の向かい合う辺が平行でも，もちろん台形になります．だからこそ，正方形は台形なのです．

かつて，『算数・数学が得意になる本』（講談社現代新書）を出版した後に，何人もの読者から講談社へ「本には，正方形は台形であると書いてありますが，これは間違いでないでしょうか」という問い合わせが寄せられて困った思い出があります．そこで，この問題をここで触れました．

1.10 視覚を利用して学ぶことは効果的

小学生の頃から，「図を描いて考えると，問題を解決しやすくなる」と言われてきたことを思い出すでしょう．実は，私は数学の研究で当初は代数学を専攻していたこともあってか，図を描いて考えることを軽視していました．そのような背景もあって，数学教育活動を本格化させてしばらくのあいだは，図を

用いないことを一種の美徳であるようにさえ考えていました．そして 2000 年になった頃から，その考えは誤っていると反省し，現在に至ります．

あるとき，図を描いて考えることの効果について検討した結果，それは以下の 4 つに分類されると考えるようになりました（もちろん，それらに重複する課題もあります）．

(I) 図を描くことによって，ミスのない思考をする．
(II) 実際の図形の検討したい部分を扱いやすい大きさに表現する．
(III) 良いアイデアを生み出すためのヒントを模索する．
(IV) 各種の統計的なデータを整理して何らかの傾向をつかむ．

以下，図を描いて考えるときのヒントになる例を，(I) (II) (III) (IV) それぞれの型に分けて簡単に紹介しましょう．

(I) 型では，まず建築などの正確な図面は思いつくことでしょう．
また下図のような路線図について，出発地 A から到着地 F に至るルートは何本あるかを，樹形図を用いて求めることはミスのない思考の大きな助けになります．ただし，同じ地点は 2 度通らないものとします．

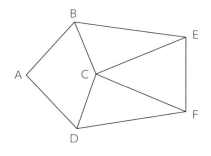

(II) 型では，図形の全体的なバランスや見映えをチェックするための見取り図，あるいは地図にある山の等高線などは思いつくことでしょう．また，山頂からの視界を考える図も，適当な例となるでしょう（右図，3 章 7 節参照）．

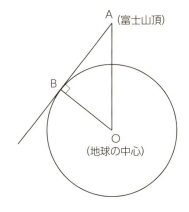

（III）型では，小学校の算数で鶴亀算，植木算，仕事算，旅人算などの文章問題について，図を用いて解いた思い出もあるでしょう．この型の特徴として，中学校で学ぶ図形の証明問題を見るまでもなく，ヒントを思いつくために図を上手に描くことが要点となります．

実社会で年代別に検討を加えたいことがある場合は，以下のような図が適当でしょう．

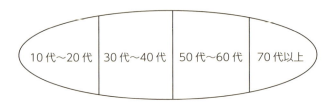

最後の（IV）型では，天気予報で，「本日は西高東低の典型的な冬型の気圧配置で…」，「本日は太平洋高気圧に覆われた典型的な夏型の気圧配置で…」というコメントは，1年で何回かは聞くことでしょう．そのような日に天気図を見ることによって，冬型や夏型の典型的な気圧配置を視覚的にも理解することになります．

小学校で学ぶ4つのグラフは，基礎として大切です．棒グラフはいくつかの対象の比較，折れ線グラフはある対象の時間に伴う変化，帯グラフと円グラフは全体をいくつかに分割したものぞれぞれの割合を示します．とくに，次の図のように帯グラフをたてに並べることによって経年変化を表し，右ページの円グラフは円の面積で量を表すこともあるのです．

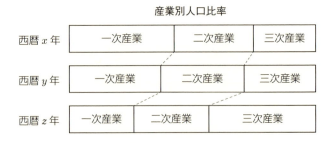

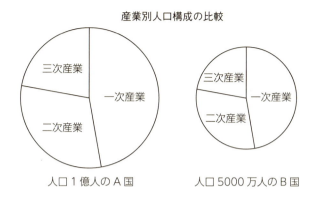

1.11 　場合分けはそれだけ強い条件が付くこと

　山頂を目指す3人の登山者が道で迷い，立ち止まった場所の先に3つの小道A，B，Cが見えました．そこでの選択肢は，いま歩いてきた道を戻る，Aに進む，Bに進む，Cに進む，の4つが考えられます．3人は，A，B，Cの小道の先はどのようになるかを確かめるために，手分けして別々に進みました．そして，どの小道に進んでも行き止まりであることが分かって，3人はもとに戻ることに決めました．

　上で述べたことは，3人が立ち止まった場所で，小道Aを進んだらどうなるか，小道Bを進んだらどうなるか，小道Cを進んだらどうなるか，それぞれの場合に分けて検討したのです．

　「場合分け」は，算数・数学の問題を解く上でとても有効な方法です．場合に分けて考えることは，それぞれの場合に付く条件が加えられているのです．次に示す算数・数学の例は，構造が似ていることが分かるでしょう．なお素数とは，2, 3, 5, 7, 11, 13, … のように，1とそれ自身でしか割り切れない2以上の整数のことです．

　p と $p+2$ と $p+4$ の3つが素数となるのは，3と5と7しかないことが以下のように説明できます．

　p は2でないことは明らかです．そこで，p は3以上になります．ここで p を，(ア) p は3の倍数，(イ) p は3で割って余りが1，(ウ) p は3で割って

余りが 2, の 3 つに場合分けしてみます.

（ア）の場合. p が 3 ならば, p と $p+2$ と $p+4$ は 3 と 5 と 7 になります. また p が 3 より大ならば, p は 3 の倍数なので p は素数ではありません.

（イ）の場合. p が 3 で割って余り 1 なので, $p+2$ は 3 の倍数になってしまいます. したがって, $p+2$ は素数ではありません.

（ウ）の場合. p が 3 で割って余り 2 なので, $p+4$ は 3 の倍数になってしまいます. したがって, $p+4$ は素数ではありません.

以上から, p と $p+2$ と $p+4$ の 3 つが素数となるのは, 3 と 5 と 7 しかないことが分かりました.

ところで, たとえば（イ）の議論を見ると, ［p が 3 で割って余り 1］は［p と $p+2$ と $p+4$ の 3 つが素数］に矛盾（つじつまが合わない）しています. このように, 場合分けの議論では矛盾する場面がよく現れます. それによって, 議論する範囲が絞られていくのです.

実際の世界でも, 東京で起こった殺人事件の容疑者が A, B の 2 人に絞られた後に, 犯行時刻に A は大阪にいたことが判明したとします. これは A にアリバイが成立したことになりますが, それによって次のことが分かります.

もし A が事件の犯人であるとすると, A は犯行時刻には東京にいる. これは, その時刻に A は大阪にいたことに矛盾する. したがって, A は犯人でないことになって, 犯人は残りの容疑者 B になる.

場合分けの方法は一つの課題についてもいろいろあるのが普通です. しかし, 問題を解決するのに適当な場合分けと, そうでない場合分けもあることに留意しましょう.

1.12 ていねいな全文を書く練習が将来の「論理的な説明力」に繋がる

来たる AI 時代に向けて, 論理的な説明力が必要だと指摘されています. 実際, 2020 年度から始まる「大学入学共通テスト」では記述式の問題が導入されることになり, 暗記に頼って答えを当てる形の学習から, 思考力を重視してプロセスを述べる形の学習に軸足を移行させたい狙いがあります.

日頃の学習では，地図の説明は筋道を立てて一歩ずつ説明する力を育てる上で，とても効果的なものです．ところが，次のような少しお寒い実情もありました．2004 年 2 月に行われた千葉県立高校入試の国語で，地図を見ながらおじいちゃんに道案内することを想定した文を書く問題が出題されましたが，なんと半数が 0 点だったのです．また，私が現在教鞭を執っている桜美林大学で就職委員長だった頃，次のことを企業の採用担当者から聞きました．学生に「今日は自宅からどのように来ましたか」という質問をしたところ，「アッチ」や「コッチ」を連発した回答もあったのです．

中学数学における図形の作図文や証明文は，地図の説明の基礎になります．それが疎かになった初等中等教育のあり方こそが，地図の説明が苦手な大学生を大量に育てた真の原因です．実際，作図文の練習をすることになっている中学 1 年の数学では，小学校の算数の復習などの関係から，それをあまり行わない学校がむしろ普通です．また，本章 6 節の表の④で示したように，1970 年と 2002 年の中学数学教科書にある証明問題数を比較したところ，全学年合計で前者は約 200 題，後者は約 60 題だったのです．

2012 年から脱「ゆとり教育」がスタートして授業時間数も増えてきたものの，空所補充式に「三角形」や「平行」などの単語を入れて証明文を "完成させる" だけの奇妙な証明教育が続いているように思えます．それだけに，昔のように全文を書かせる証明教育がなるべく早く徹底されることを望みます．参考までに，地図の説明に関する 4 つの注意点を述べておきましょう．

一つは，「前後，左右という言葉を用いるときは，それが自分の立場なのか，あるいは相手の立場なのかを確かめなければならない」ということです．

一つは，「図の表現で用いるものについては，それが一通りに定まるものであるか否かをつねに確かめなくてはならない」ということです．たとえば改札口がいくつもある駅では，「改札口を出て左に行く」という表現は一通りに定まりません．

残りの二つは，「進む方向だけではなく，進む距離も述べる必要がある」，「進む距離だけではなく，進む方向も述べる必要がある」ということです．

算数教育の場として考えると，論理的な説明力を育む教材は，地図の説明以

外にもたくさんあります．一言で述べると問題の答えを書くとき，ていねいな全文を書く練習をするとよいのです．これに関する例を一つ紹介して，本節を終ります．

例題　どの子どもでも，お母さんと一緒に元気に生活していると，お母さんの年齢のちょうど半分になるときが必ずあります．それはなぜでしょうか．ところが，お母さんと一緒に元気に生活していても，お母さんの年齢のちょうど3分の1になるときがない場合があることを例示しましょう．

解答　子どもは，お母さんが□歳のときに生まれたとします．すると生まれた日から□年後には，子どもの年齢は□歳になり，お母さんの年齢はちょうど $2 \times □$ 歳になります．

　お母さんの誕生日は1979年1月2日で，子どもの誕生日は2000年1月2日とします．この場合，2010年1月1日には，子どもの年齢は9歳で，お母さんの年齢は30歳です．そして，その翌日の2010年1月2日から2011年1月1日までは，子どもの年齢は10歳で，お母さんの年齢は31歳になります．すなわち，2011年1月1日までは，お母さんの年齢は子どもの年齢の3倍より上です．ところが，2011年1月2日には，子どもの年齢は11歳で，お母さんの年齢は32歳になります．すなわち，2011年1月2日にはお母さんの年齢は子どもの年齢の3倍より下になって，それ以降は，その状態が続くことになります．したがってこの場合，子どもの年齢がお母さんの年齢のちょうど3分の1になるときはありません．

1.13　分からないところが分かる生徒はほとんどいない

　かつて大学で算数や数学嫌いの多くの学生に，そのように至った背景をアンケート形式で書いてもらったことがあります．その中に，「転校したら，授業では先の違う範囲を進んでいたので何もかも分からなくなった」というものがいくつかありました．

　この点が算数・数学の特徴を物語っています．それは，算数・数学は一歩一

歩理解して積み上げていきます．そこで，ある事項がすっぽり抜けてしまうと，後の内容がさっぱり分からなくなるのです．他の教科は，生物や地学などの理科であったとしても，途中から聞いてもある程度は理解できるものです．

とくに転校生の場合，「いま授業で習っている内容はさっぱり分かりません」という質問をすると，いじめの対象にもされると思ってしまうようです．そのようなケースばかりでなく，授業の進行についていけなくなった生徒も同じ気持ちになるのです．

そのような状況で，指導する教員が「分からない点があったら，後で質問しに来なさい」と生徒全員の前で発言すると，さっぱり分からない生徒はおそらく「質問しに来ないでください」というように感じてしまいます．それは，先生に向かって「何もかも分かりません」と言うことはなかなかできないからです．私は大学での講義であっても，学生にきめ細かい挙手を求めるのは，そのような背景があるからです．

結局，教える側がいくつかの質問によって，個々の生徒はどこまで分かって，どこからが分からないかを掴むことが必要でしょう．だからこそ，算数・数学はとくに少人数教育が必要なのです．さらに教える側は，生徒の頭の中を見抜く努力が大切です．そして，生徒の立場に立って質問しやすい環境を整えたり，難しいことをやさしく説明したりする姿勢が求められるでしょう．

余談ですが，最近は観光学という興味ある学問が多くの大学で設置されてきています．沖縄観光論，北海道観光論，ディズニーランド論，USJ論などの，私も学生ならばぜひ受けてみたい授業もあります．現在は多くの大学で授業アンケートというものがありますが，観光学の講義アンケートと数学の講義アンケートを比べて，「観光学の先生は面白く素晴らしい授業をしているけど，数学の先生は分かりにくい困った授業をしている」という判断をされると，専門分野を変更したいと思う数学の教授も現れるような気がしてなりません．だからこそ私は大学において，学力差の激しい数学の講義にとことん人生の勝負を掛けているつもりです．

最後に，算数や数学に関しては，友人どうしで教え合うと効果は相当あるこ

とを強調します．理由の一つには，「友人どうしだと，親や先生と違って気軽に質問ができる」ということがあります．だからこそ，生徒や学生に教える者としては，気軽に質問できる環境を作ることが大切なのです．

1.14　空間認識力を高める昔の玩具

　明治維新から間もない 1875 年から 1878 年まで，後に「ペリー運動」として有名になった英国のジョン・ペリー（応用数学，数学教育）を，東京大学工学部の前身である工部大学校は招いています．ペリーの「初歩の算術から小数を用いるべき」および「測量と立体幾何学（空間図形）を多く教授すべき」という考え方は，技術立国としての日本の礎を築いたといえるものです．

　ジョン・ペリーが多く教授すべきと述べた空間図形を考えると，かつて，日本の子どもたちは積み木，綾取り，知恵の輪，プラモデルなどの立体的な遊びをよく行いました．ところが現在は，スマートフォンやテレビゲームのような平面的な遊びが中心となっています．さらに中学校の数学では，空間図形をほとんど学習しないで卒業する生徒が続出しています．また，高校数学における空間図形の扱いについても同じで，かつての理系進学の高校生は空間における一般の平面や直線を表す方程式をしっかり学んでいましたが，これらも「ゆとり教育」の影響などがあって現在は学んでいません．

　そのような傾向は結果として現れて当然でしょう．2010 年の全国学力テスト（全国学力・学習状況調査）で，中学 3 年の「数学」には，見取り図も示した立方体の問題がありました．それは，立方体の 2 つの面の上に引いた 2 本の対角線の長さを比べるもので，「一方が他方より長い」，「他方が一方より長い」，「同じ」，「どちらとも言えない」の 4 つから選択させる問題でした（右図参照）．

　私はほぼ全員が「同じ」を選択すると思いましたが，文部科学省が発表した結果を見て，愕然としたのです．「同じ」を選択した生徒は

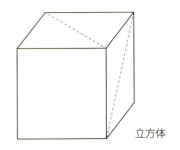

立方体

たったの 55.7% だったからです．

　空間図形は平面図形と比べると扱いがとても難しいのです．だからこそ，見取り図，投影図，展開図などを学びます．その本質は，3 次元の空間図形を扱いやすい 2 次元の平面に落として考えることです．見取り図と展開図はよく知っていると思いますが，投影図は「ゆとり教育」の時代には中学数学の学習指導要領から除外されていたこともあるので，ここで下図を用いて簡単に説明しておきましょう．

　立体を正面から見た図を立面図といい，真上から見た図を平面図といい，それらを組み合わせたものを投影図というのです．

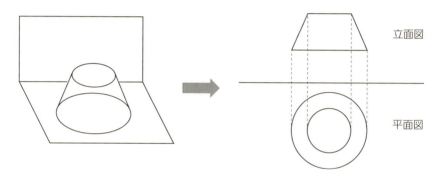

　かつて，お菓子のサイコロキャラメルで遊んだ年輩の読者もいるでしょう．その空き箱を使って，立方体の展開図をいろいろ作って遊んだ小学生の頃を懐かしく思い出します（本章 4 節の問題 2 を参照）．

1.15　一般論でなく具体例による説明で済ます事項

　最初に「一般論として説明（証明）」と「具体例として説明（証明）」の違いを，高校 1 年で学ぶ 2 つの公式で説明しましょう．もちろん，その後で算数教育の話題に移りますが，高校数学の部分が苦手な読者は，そこをとばして最後の部分だけ目を通していただいても構いません．

　まず，「2 次方程式の解の公式」を復習しましょう．ここでは一応，a は 0 でない実数，b と c は実数で，$b^2 - 4ac \geq 0$ という条件を付けて証明します．2 次

042 ● 第 1 章 ｜ 基本的な考え方

方程式

$$ax^2 + bx + c = 0$$

を以下のように変形していきます.

$$a\left(x^2 + \frac{b}{a}x\right) + c = 0$$

$$a\left\{\left(x^2 + \frac{b}{a}x + \frac{b^2}{4a^2}\right) - \frac{b^2}{4a^2}\right\} + c = 0$$

$$a\left\{\left(x + \frac{b}{2a}\right)^2 - \frac{b^2}{4a^2}\right\} + c = 0$$

$$a\left(x + \frac{b}{2a}\right)^2 - \frac{b^2}{4a} + c = 0$$

したがって,

$$a\left(x + \frac{b}{2a}\right)^2 = \frac{b^2 - 4ac}{4a}$$

$$\left(x + \frac{b}{2a}\right)^2 = \frac{b^2 - 4ac}{4a^2}$$

となりますが,上式の右辺は 0 以上なのでルートをとることができ,

$$x + \frac{b}{2a} = \pm\sqrt{\frac{b^2 - 4ac}{4a^2}}$$

となります.ここで,記号「±」はプラスとマイナスの両方が付くことなので,a が正であっても負であっても

$$x + \frac{b}{2a} = \frac{\pm\sqrt{b^2 - 4ac}}{2a}$$

が成り立ちます.そこで,$+\frac{b}{2a}$ を移項することにより,解の公式

$$x = \frac{-b \pm \sqrt{b^2 - 4ac}}{2a}$$

を得ます.

　次に,二項定理

$$(a+b)^n = {}_n\mathrm{C}_0 a^n + {}_n\mathrm{C}_1 a^{n-1}b + {}_n\mathrm{C}_2 a^{n-2}b^2$$
$$+ {}_n\mathrm{C}_3 a^{n-3}b^3 + \cdots + {}_n\mathrm{C}_{n-1} ab^{n-1} + {}_n\mathrm{C}_n b^n$$

の証明を考えます．なお，$_nC_r$ は n 個から r 個を取り出す組合せの個数で，

$$_nC_r = \frac{n!}{(n-r)!\,r!}, \quad m! = m \times (m-1) \times (m-2) \times \cdots \times 2 \times 1$$

のことです．

まず $n = 4$ として，

$$(a+b)^4 = \underset{\text{1番目}}{(a+b)} \times \underset{\text{2番目}}{(a+b)} \times \underset{\text{3番目}}{(a+b)} \times \underset{\text{4番目}}{(a+b)}$$

の展開を考えましょう．この掛け算は，下図の右端に現れたすべての項の足し算となります．

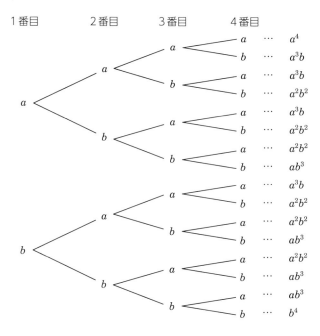

上図の右端において，a^4 が何個あるかを考えると，1番目,2番目,3番目,4番目から b を 0 個選ぶ数になるので，その数は $_4C_0 = 1$ です．また，a^3b が何個あるかを考えると，1番目,2番目,3番目,4番目から b を 1 個選ぶ数になるので，その数は $_4C_1$ です．次に，a^2b^2 が何個あるかを考えると，1番目,2番目,3番目,4番目から b を 2 個選ぶ数になるので，その数は $_4C_2$ です．以下同様に考えて，ab^3 は $_4C_3$ 個あり，b^4 は $_4C_4$ 個あることが分かります．した

がって，

$$(a+b)^4 = {}_4\mathrm{C}_0 a^4 + {}_4\mathrm{C}_1 a^3 b + {}_4\mathrm{C}_2 a^2 b^2 + {}_4\mathrm{C}_3 a b^3 + {}_4\mathrm{C}_4 b^4$$

が成り立ちます．

n が一般の自然数の場合も同様に示され，二項定理の成立が分かります．

上で述べたことに関して注目していただきたいことは，2 次方程式の解の公式は一般論として説明（証明）しているのです．一方，二項定理は $n=4$ の具体的な場合で説明（証明）し，一般論としての説明（証明）をその説明から連想してもらって終らせていることです．ここでの要点は，具体例による説明であっても一般論として説明が連想できることがらだということです．具体例による説明で一般論としての説明がまったく連想できない内容では，意味がありません．

たとえば，2 次方程式

$$(x-1)(x-2) = 0$$

の解は 1，2 です．これをもってして，「2 次方程式の解の公式が一般的に説明（証明）できた」とは言えるはずがありません．

実は，算数教育におけるいろいろな内容は，「具体例による説明で，一般論の説明を上手に連想させて理解させている」のです．この本質的な指摘をはっきり述べている点も本書の特徴の一つであると考え，その視点に立って 2 章以降を読んでいただければ嬉しく思います．

1.16 生きた題材による応用例が興味・関心を高める

ペットとして犬が好きな人でも，大型犬の場合もあれば小型犬の場合もあります．さらに，大型犬でも秋田犬，ラブラドール・レトリーバー，ジャーマン・シェパードなど，いろいろです．小型犬でもポメラニアン，チワワ，パピヨンなど，いろいろです．

算数・数学に関して興味・関心を高める題材も似ている面があって，人それぞれなのです．この点は留意すべきで，自分が興味・関心をもつ題材が他人も

そうであるとは限りません。もっとも、算数・数学に関して興味・関心をもつようになる人でも、そのきっかけとなる題材は、大きく2つに分けることができます。一つは純粋数学型、もう一つは現実社会型と名付けています。

前者は純粋に数学そのものに興味・関心を示すものの、応用面にはあまり興味・関心を示さないタイプです。後者はその逆で、数学の応用面の楽しい題材に興味・関心を示すものの、純粋に数学そのものにはあまり興味・関心を示さないタイプです。数学の研究を志す人は大概前者の方ですが、数学嫌いから算数・数学に関して興味・関心をもつようになった人たちの多くは後者の方です。

数学嫌いの問題を考えるときは、上で述べたことを踏まえて検討したいものです。以下、純粋数学型の生徒に対する適当な題材と、現実社会型の生徒に対する適当な題材を紹介しましょう。

純粋数学型としては、やはり素数の題材がふさわしいでしょう。本章11節で説明したように、p と $p+2$ と $p+4$ の3つが素数となるのは、3と5と7しかないのです。ところが、p と $p+2$ が素数となる**双子素数**と呼ばれる組が、無限個存在するか有限個しかないのか、その点が未だ解決していません。おそらく、「双子素数は無限個存在するのではないか」と予想されていて、この方面の研究は新たな展開を見せています。

双子素数の問題と並んで昔から注目されている未解決問題に、**ゴールドバッハの問題**があります。これは、「4以上のすべての偶数は2つの素数の和として表されるのではないか」という予想です。たとえば、

$$4 = 2+2 \quad 6 = 3+3 \quad 8 = 3+5 \quad 10 = 3+7 = 5+5 \quad 12 = 5+7$$

$$14 = 3+11 = 7+7 \cdots$$

というようになっています。計算機の発達に伴って、予想が正しいことは400京までの偶数で確かめられています（京は兆の1万倍）。

一方、現実社会型の題材は、非常に多くのものがあります。注意すべき点は予備知識のレベルで、予備知識が必要なものはその点を相手に確かめなくてはなりません。それゆえ、なるべく予備知識が少なく、誰でも楽しめる身近な題材が理想です。私は20年以上に渡る数学教育活動を通して、小・中・高校への出前授業としてのべ200校以上訪問しました。そこでのアンケート等を通し

て，評判の良かった上位3つは，じゃんけん，あみだくじの仕組み方，誕生日
当てクイズです．以下，それらを紹介して本節を終ります．

1990年代の大学入試における「じゃんけんの確率問題」を10年間の受験雑
誌掲載分について調べたことがあります．その結果は，問題文の仮定に「グー，
チョキ，パーはそれぞれ確率 $\frac{1}{3}$ で出すものとする」というただし書きがあるも
のとないものは，ほぼ半分半分でした．もちろん，その仮定の扱いが原因でト
ラブルに発展したことは，過去一度もないはずです．しかし，大学入試問題の
性格を考えると，じゃんけんの問題では一応，その文言を仮定として入れてお
いた方が無難でしょう．

実は，私が大切に保管してあるものの一つに，じゃんけんデータのノートが
あります．それには，以前勤めていた大学の4年ゼミナール生10人が725人
から集めた，のべ11567回のじゃんけんデータの記録が残っています．725人
の各々が，10〜20回のじゃんけんをして得たものであり，次のような集計結果
となります．

のべ11567回のじゃんけんデータの内訳は，グーが4054回，チョ
キが3664回，パーが3849回です．

したがって，「一般にじゃんけんではパーが有利」だといえます．そのデータに
関して心理学的には，「人間は警戒心をもつと拳を握る傾向がある」という説
明のほか，「チョキはグーやパーと比べて出し難い手である」という説明もあ
ります．

また，そのデータから別の特徴も見られます．2回続けたじゃんけんはのべ
10833回でしたが，そのうち同じ手を続けて出した回数は2465回でした．そ
の意味を説明しましょう．たとえば，自分はじゃんけん9回戦を行って，順に
グー，グー，グー，パー，チョキ，グー，パー，パー，チョキと出したならば，
そのうち，1回と2回，2回と3回，7回と8回，が同じ手を続けて出したこと
になります．したがって，この場合は2回続けたじゃんけんがのべ8回で，そ
のうち同じ手を続けて出した回数は3回となります．

10833回のうちで2465回という数が意味することは,「人間は同じ手を続けて出す割合は $\frac{1}{3}$ よりも低く $\frac{1}{4}$ 近くしかない」ということです. なお, 人間のじゃんけんにまったく癖がないならば, 同じ手を続けて出す割合は $\frac{1}{3}$ が妥当です. このことから,「2人でじゃんけんをしてあいこになったら, 次に自分はその手に負ける手を出すと, 勝ちか引き分けになる確率は $\frac{3}{4}$ もあって有利」という結論が得られるのです.

いま, たて線だけ6本引いてある下図で示したあみだくじの原形に, 適当に横棒(横線)を引いて, Aが3, Bが6, Cが1, Dが5, Eが4, Fが2に, それぞれたどり着かせるものを作りましょう (このあみだくじの仕組み方を参考にすれば, 何人が対象のあみだくじでも同様にして仕組むことができます).

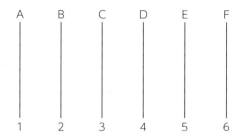

最初は次の図のように, AからFまでの文字それぞれとたどり着かせたい先の数を結ぶ線を描きます. ただし6本の線は曲がっても構わないものの, 次第に下がっていくようにして, 途中にできる線どうしの交点に関しては, 3本以上の線が1つの点で交わることなく, また交点どうしは極端に接近しないようにします. そして各交点に, 下から順にア, イ, ウ, … と名前を付けます.

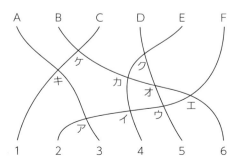

次に，上図の線と線の交点を横棒に対応させ，各交点を英語のHのような字に取り替えた図を描くのです．

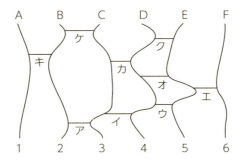

最後に，Aと1，Bと2，Cと3，Dと4，Eと5，Fと6をそれぞれ結ぶたて方向の線を，あみだくじの原形にある6本のたて線と一致させることで，アからケまでの9本の横棒を冒頭の図の対応する場所に書き込むことになります．それによって，目的とするあみだくじが完成しました．

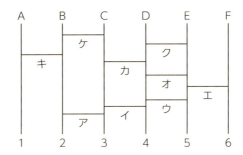

少し前のことですが，1990年代後半に，いろいろな誕生日当てクイズを作ってみました．その結果，以下のものがもっとも楽しく遊べるという結論に達し，現在に至っています．

質問 　生まれた日を10倍して，それに生まれた月を加えてください．その結果を2倍してから生まれた月を加えると，いくつになりますか．

生まれた月を x，生まれた日を y とすると，この質問では
$$(10 \times y + x) \times 2 + x = 3x + 20y \quad \cdots (☆)$$

を尋ねているのです．そして誕生日の見つけ方は，答を 20 で割った余りを考えます．それは，$3x$ を 20 で割った余りになるので，次の表を得ます．

x（月）	1	2	3	4	5	6	7	8	9	10	11	12
$3x$	3	6	9	12	15	18	21	24	27	30	33	36
☆を 20 で割った余り	3	6	9	12	15	18	1	4	7	10	13	16

たとえば，質問に対して 216 と答えたなら，

$$216 \div 20 = 10 \cdots 16$$

となるので，余り 16 から，x は 12 であることが分かります．そして，

$$3 \times 12 + 20y = 216$$
$$20y = 180, \quad y = 9$$

を導いて，誕生日は 12 月 9 日であることが分かります．

　この誕生日当てクイズでは，質問の答えから私自身が暗算で素早く誕生日を見つけられることもあって，出前授業を受ける全国の子どもたちに喜んでもらっています．

1.17 「算数・数学の学びは誰にとっても役立つ」という意識をもつ

　最初に，本節でいう「役立つ」は，人間の心を前向きにさせる効果などの，幅広い面も含むものとします．

　1875 年から 1879 年まで日本の工部大学校（東京大学工学部の前身）で教鞭をとって技術立国・日本の礎の一角を築いた，英国の応用数学者であり数学教育者であったジョン・ペリー（1.14 節）（1850–1920）が，1901 年にグラスゴーで講演を行いました．そこでは，以下の 8 項目に言及し，それがきっかけとなって（The Teaching of Mathematics, 1901），数学を学ぶことの有用性の問題が注目されるようになったと思われます．

　以下紹介するジョン・ペリー（1.14 節）のその講演は，数学教育の研究ではよく参照され，また私自身も学ぶ点が多々あります．そこで本節で紹介しましょ

う．算数教育を語るときに，必ず参考になるものです．

I have hurriedly put together what strike me as obvious forms of usefulness in the study of mathematics.

(1) In producing the higher emotions and giving mental pleasure. Hitherto neglected in teaching almost all boys.

(2) a. In brain development, b. In producing logical ways of thinking. Hitherto neglected in teaching almost all boys.

(3) In the aid given by mathematical weapon in the study of physical science. Hitherto neglected in teaching almost all boys.

(4) In passing examinations. The only form that has not been neglected. The only form really recognized by teachers.

(5) In giving men mental tools as easy to use as their legs or arms; enabling them to go on with their education (development of their souls and brains) throughout their lives, utilizing for this purpose all their experience. This is exactly analogous with the power to educate one's self through the fondness for reading.

(6) In teaching a man the importance of thinking things out for himself and so delivering him from the present dreadful yoke of authority, and convincing him that, whether he obeys or commands others, he is one of the highest of beings. This is usually left to other than mathematical studies.

(7) In making men in any profession of applied science feel that they know the principles on which it is founded and according to which it is being developed.

(8) In giving to acute philosophical minds a logical counsel of perfection altogether charming and satisfying, and so preventing their

attempting to develop any philosophical subject from the purely abstract point of view, because the absurdity of such an attempt has become obvious.

（1）から（8）の意訳は，数学教育関係のいくつもの論文等で見かけます．私は意訳ができるほどの語学力はまったく備えていませんが，参考までに私なりの訳を以下述べることにします．

　私は，数学の学びにおける有用性を明確に形成するものとして，頭に浮かんだことを取り急ぎまとめる．

（1）より高い感動を生みだすことや精神的喜びを与えること．従来，ほとんどの少年たち（学生たち）を教える際に無視されてきたことだが．

（2）a. 知能の発達，b. 論理的思考力を生みだすこと．従来，ほとんどの少年たちを教える際に無視されてきたことだが．

（3）自然科学の学びにおいて，数学的な武器（ツール）が役立つこと．従来，ほとんどの少年たちを教える際に無視されてきたことだが．

（4）試験に合格すること．従来から無視されなかった唯一の形．教師によって本当に認知された唯一の形．

（5）人間に手足のように簡単に使える思考のツールを与えること．この目的のためにすべての経験を活用しながら，人生を通して，教育（精神と脳の発達）とともに進むことを可能にすること．これはまさに，読書に対する愛好心を通じて自分自身を教育する力と類似している．

（6）自己のためということから離れて，物事を考える重要性を人々に教えること．それによって，既存の権威という，いやな 軛 から自由にさせること．そして命令に従う人であろうが他に命令を下す人であろうが，自分が崇高な存在の一人であることを自覚させること．これは普通，数学の学び以外に託されている．

（7）応用科学のあらゆる専門職に携わる人々に，発見された原理やそれから発展した原理が分かると感じさせること．

（8）哲学的な問題を考える心に対して，自身を魅了しかつ満足させながら完

成した論理的な助言を与えること．そして，次のような試みをしても無駄だという理由から，過度に抽象的な見方で哲学的な主題を発展させようとする試みをしないようにすること．

1.18 AI 時代に必要な算数・数学の学び

「来たる AI 時代には数学の学びはより大切になる」，と世界的レベルで広く言われています．そこで本節では，そのあたりを深く考えてみましょう．

小さい子どもに猫と子犬の違いを教えるとき，「あれはニャンニャン，あれはワンワン」というように説明するでしょう．その説明を何回か行うと，不思議なもので猫とチワワを簡単に見分けられるようになります．一方，AI に猫と子犬の違いを見分けられるように教えることは，かなり大変なことです．

もう一つ例を挙げると，東京都内には，03 － ○○○○ － ○○○○ という電話番号がたくさんあります．03 の後に続く番号は 8 桁ありますが，ある人が次のような架空話を考えたとします．

「8 桁の番号は 00000000 から 99999999 まで 1 億個ある．それらの中からいくつかの電話番号を指定して，条件☆を満たすようにする．この場合に電話番号をなるべく多く設けることを考えると，最大いくつの電話番号を設けられるだろうか」

条件☆　8 桁の番号 $a_1a_2a_3a_4a_5a_6a_7a_8$ と $x_1x_2x_3x_4x_5x_6x_7x_8$ が異なる電話番号ならば，それらは少なくとも 3 箇所で異なっている．たとえば，12345678 と 12545098 の番号は，前から 3 番目と 6 番目と 7 番目の 3 箇所で異なっているように．

ちなみに，その人が条件☆を考えた背景には，誰に電話を掛ける場合でも，8 桁のうちの 1 つの番号を掛け間違っても，掛けたい相手に正しく繋がる機能をもたせることがあります（なお，12345678 と 55345678 のように 2 文字だけ違う電話番号のときは，15345678 に掛け間違えると，どちらの電話番号かが分からず，正しく繋がりません）．

この架空話の問題は，おそらく「AI に計算させれば，条件☆を満たす電話番号の最大個数はすぐに求まるのではないだろうか」と想像される読者も少なくないかと思います．しかし現状では，人間にも AI にも歯が立たない問題で，私の第六感では，この問題は人間が斬新な発想を思いついたあかつきに解決するのではないかと想像します．多分そのときは，斬新な発想が主となって，AI が副となって計算しているような気がします．

もちろん，単純な計算能力や暗記能力では，人間は AI に敵うはずがありません．一方で，数学を極端に嫌っている子どもの心を開くようにさせるには，AI が機械として「ガンバリマショウ，キット，スウガクヲスキニナルデショウ」などと子どもに話しかけるより，人間が子どもの気持ちを理解して，子どもの心に飛び込むように語りかける方が多くの場合，効果があるでしょう．

そのように人間と AI は，得意分野と不得意分野が互いにあります．したがって，来たる AI 時代は人間と AI がお互いに協力し合う関係になるのではないかと想像します．実際，数学とはもっとも縁遠いと思われていた文学の世界でも，AI の側でデータベースと検索技術の向上が加わったこともあって，統計数学として生まれたさまざまな手法が計量文献学を支えるようになりました．

ところで数学の学びでも，計算や暗記は大切ですが，それは推論を積み上げるときに正確に計算したり，用語の意味を正しく思い出したり，といった面で大切だからです．それらにおいては，計算で行っている処理の背景や，用語の用法で許されることと許されないことの違いをよく理解しておくことが大切です．

具体例を挙げると，多項式 $y = 2x^4 - 3x^3 + 5x + 9$ を微分すると，

$$y = 8x^3 - 9x^2 + 5$$

となりますが，この導関数はもとの関数の傾きを示していることを理解しておく必要があります．それが，「微分とは，各項の指数部分の数字が前に落ちてきて係数に掛けて，指数部分の数字は 1 少なくなること」という暗記だけでは，何の役にも立ちません．また，「円の面積は πr^2」といえることは良いとして，「π は何ですか」と質問すると，円周率の定義と勘違いして「3.14 です」と答えるようなものです．

要するに AI 時代に人間が数学を学ぶときは，とくに「理解」が大切で，まるで AI と競うかのような「やり方」の処理能力だけを鍛える学習は，不適当なのです．日本の数学教育は一部で，この不適当な方向にあまりにも突き進んでいることが顕著になってきたことを憂慮して，私は『「％」が分からない大学生——日本の数学教育の致命的欠陥』（光文社新書）を出版しました．

AI 時代に人間が数学を学ぶとき，「理解」の次に大切なことは「応用」です．それは，現実社会のさまざまな問題に AI を活用することを考えると，そこには必ず何らかの数学が介在するものです．数学ができても応用面にはまったく興味がないようでは，その介在する場面には見向きもしないことになって，数学を役立たせる機会を失うことになるでしょう．

以上から，来たる AI 時代を視野に置いて数学を学ぶときは，第一に「理解」，第二に「応用」を意識して着実に学んでほしいものです．

最後に，2020 年度から小学校でプログラミング教育が導入されます．計算機を扱うときは，計算機が理解できる言語で指示する必要があるので，プログラミング言語の学びは必須となるでしょう．そのとき，どの言語を扱うとしても重要なことがあります．それは，計算機は人間と違って，論理的で厳格な文でなければ受け付けてくれません．その力を育むには，国語の作文や数学の証明において，全文をきちんと書く練習が大切なのです．

第2章

数と計算

2.1　1対1の対応から自然数を導入する

　物事の説明には歴史的な流れを重視するとよいことが多々あります．実は正の整数である自然数の導入もそうで，これを無視して暴走する教育は問題だと考えます．

　困った問題の例を一つ挙げると，いわゆる教育ママと呼ばれる方々が小学校入学前のわが子に早く大きな自然数を覚えさせたいがために，「はい，100まで言ってごらんなさい」と質問する光景を何回か見たことがあります．子どもは，「イチ，ニ，サン，シ，ゴ，ロク，シチ，ハチ，ク，ジュウ，ジュウイチ，ジュウニ，…」と暗記したことを唱え始めます．私が一生忘れられない光景ですが，その横にいた父親が暗唱を続ける子どもに「この電車の中に何人のお客さんがいるかな」と質問しました．せいぜい 10 人前後の車内の人数が，子どもはまったく答えられないのです．

　要するに，子どもは自然数をあまり理解していません．3 人も，3 匹も，3 本も，3 という抽象的な数の具体例だということを理解していないように感じました．

　さて，ここに小学生の男子と女子がたくさんいるとします．男子の方が多いか，女子の方が多いか，それとも同じ人数か，皆様はどのようにして調べるでしょうか．たしかにそれぞれの人数を数えれば分かります．しかし数えなくても，その質問には答えられます

　それは，男子と女子，一人ずつ組になって手を繋いでもらうのです．そうすることによって，もし男子が余れば男子の方が多く，女子が余れば女子の方が多く，どちらも余らなければ同じ人数になります．このように，2つのグルー

プの一つずつを漏れなく対応させることを，**1対1の対応**といいます．人類は，この発想をいつごろ思いついたのでしょうか．

　紀元前1万5000年〜紀元前1万年頃の旧石器時代の近東（北アフリカの地中海沿岸部，東アラブ地域，小アジア，バルカン半島など）には，動物の骨に何本かの線を切り込んだ**タリー**と呼ばれるものがありました．それらの切り込みは，特定の「具体的事物」に関係していたと考えられています．とくに，1日1日の太陰暦を1つ1つの切り込みにしていたとする仮説もあります．

　紀元前8000年頃から始まる新石器時代の近東では，円錐形，球形，円盤形，円筒形などの形をした小さな粘土製品の**トークン**というものがありました．壺に入った油は卵型のトークンで数え，小単位の穀物は円錐形のトークンで数える，というように物品それぞれに応じた特定のトークンがありました．そして，1壺の油は卵型トークン1個で，2壺の油は卵型トークン2個で，3壺の油は卵型トークン3個でというように，1つ1つに対応させる関係に基づいて使われていたのです．

出典：「Token: 文字誕生の原点」西川伸一（JT生命誌研究館HP 進化研究を覗く）

　ここで注意する点は，その頃は現在の 1, 2, 3, … のような数はまだありません．実際，トークンは紀元前8000年頃から紀元前3000年頃まで途切れることなく使われていたようです．そして，イラクのウルク出土における紀元前3000年頃の粘土版に，5を意味する5つの楔形の押印記号と，羊を表す⊕という絵文字の両方が記されているものが見つかっています．これは5匹の羊を意味しており，抽象的な数字が芽生えたことになります（デニス・シュマント＝ベッセラ著『文字はこうして生まれた』（岩波書店）を参照）．

　上の歴史的な流れから学びたいことは，最初は1対1の対応を通して各自然数の例をいろいろ学ぶことです．たとえば「3」を学ぶとき，下図のように学ぶ

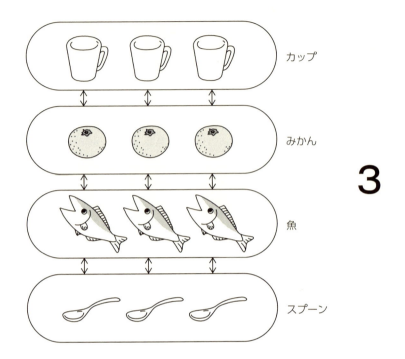

のです.

　上のようにして「3」のグループを学ぶとき,合わせて「1」,「2」,「4」,「5」,…のグループを学ぶことによって,抽象的な「3」という数を認識できるようになるでしょう.注意したいことは,「3」というグループと「2」,「4」などの異なるグループの例どうしは,1対1の対応が付かないことです.

　このようにして 1, 2, 3, 4, 5, 6, 7, 8, 9 と学んでいきますが,9 の次は 10 でしょうか.10 は 1 と 0 の組になっている数であり,10 を学ぶ前に 0 を学ぶことが良いのです.

2.2　0 には 2 つの意味がある

　小学 1 年生で 0 を学びます.しかし,それは 10, 20, 30 などであり,また小学 2 年生では 1000 や 10000 も登場します.そして,709 とか 8010 などの数を見ると,すでに 0 は使われています.しかし,709 では十の位が空白であり,

8010 では百の位と一の位が空白なのです.

そのように，ある位が空白であることを意味することで用いる 0 と，さらに 0 そのものを数として扱うことの意味とは大きな違いがあることに留意しましょう. 歴史的にも，実はその両者に時間的な開きがありました.

古代バビロニアでは前者の意味で，60 進法における位で 0 を表す記号を使っていました. また，マヤ文明でも前者の意味で，20 進法における位で 0 を表す記号を使っていました. その一方で，後者の意味で 0 を表す記号を使い始めたのはインドで，5 世紀から 9 世紀の間に零を含む 10 進法の記数法を発明したのです. そして，それは現在の算用数字の起源でもあります.

後者の意味で 0 を導入するときは，次のような図を用いることが適当でしょう. 図はミカンを用いていますが，その他いろいろな物を使ってよく理解してもらうことが大切です.

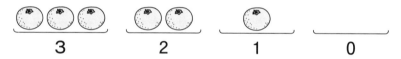

余談ですが，比較心理学者のペッパーバーグ博士が飼っていたアレックス君と呼ばれるオウムは，2007 年に 31 歳の生涯を閉じました. アレックス君は，自然数を 6 まで数えることができたそうです. これは，単に「ワン，ツー，スリー，フォー，ファイブ，シックス」と言えたということではなく，特定の物の個数が理解できたということでしょう. 私の想像ですが，ペッパーバーグ博士は，1 対 1 の対応を通してアレックス君に自然数を教えたのではないでしょうか.

私は将来，アレックス君を超える算数犬を育ててみたい夢をもっています. もっとも，アレックス君は（上記の後者の意味で）0 をも理解していたようで，0 を犬に理解させることは大きな困難が伴うと予想します.

2.3　10 進数を理解する教具

203 と書くと，百の位が 2，十の位が 0，一の位が 3 です. これは，100 が 2 個と 1 が 3 個を意味しています. このような位取りは長い年月を経て完成した

ものであり，大変便利なものです．これを理解するための教具はいろいろ考案されてきましたが，やはり本節で述べるタイルを用いたものがもっとも便利でしょう．

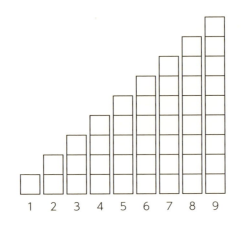

1から9までは図のように扱うことは分かるでしょう．次の10以降についての図の前に注意すべきことがあります．それは，「10」は1つの数を表す記号ではなく，十の位が1で，一の位が0ということです．そのことに注意しないと，ジュウイチを「101」と書いてしまうかもしれません．

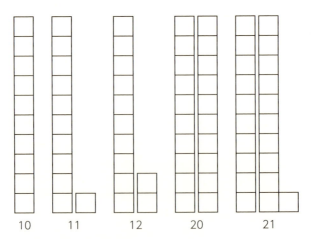

そして，上図を参考にして10，11，12，20，21を自然と理解できるはずで

す．さらに，100, 221 も下図を参考にして理解できるでしょう．

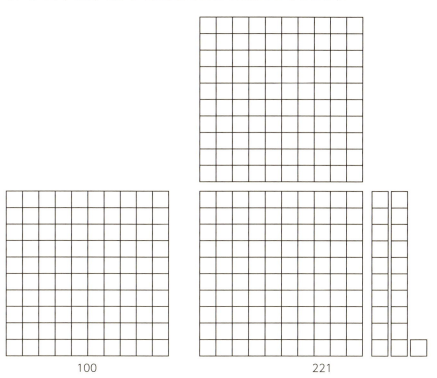

2.4 足し算と引き算

　大きく分けると足し算には 2 つの意味があります．一つは「ミカン 3 個とミカン 5 個を合わせると 8 個になる」というように，「合わせる」というものです．もう一つは，「冷蔵庫にミカン 3 個があって，そこにミカンを 5 個増やすとミカンは 8 個になる」というように，「増やす」というものです．どちらの意味でも，式としては

$$3+5=8$$

と書きます．人によって見方は異なりますが，「合わせる」と「増やす」には，それほど大きな違いがあるとは思えません．

0 以上 9 以下の 2 つの整数 △ と □ の足し算を考えましょう．まず，△ が 0 ならば結果は □ であり，□ が 0 ならば結果は △ になります．その他の場合は，和が 10 を超える場合もあれば，ちょうど 10 になる場合もあります．とくにちょうど 10 になる場合，一方は他方の**補数**といい，くり上がりのある足し算を学ぶ上で重要な働きをします．さらに補数の関係でなくても，和が 2, 3, 4, 5, 6, 7, 8, 9 になる 2 つの自然数（正の整数）の組も重要な働きをします．そこで，以下の式はすぐ使えるようによく理解しておくとよいでしょう．

和が 2　$1+1$

和が 3　$1+2$　$2+1$

和が 4　$1+3$　$2+2$　$3+1$

和が 5　$1+4$　$2+3$　$3+2$　$4+1$

和が 6　$1+5$　$2+4$　$3+3$　$4+2$　$5+1$

和が 7　$1+6$　$2+5$　$3+4$　$4+3$　$5+2$　$6+1$

和が 8　$1+7$　$2+6$　$3+5$　$4+4$　$5+3$　$6+2$　$7+1$

和が 9　$1+8$　$2+7$　$3+6$　$4+5$　$5+4$　$6+3$　$7+2$　$8+1$

和が 10（補数の関係）

$1+9$　$2+8$　$3+7$　$4+6$　$5+5$　$6+4$　$7+3$　$8+2$　$9+1$

くり上がりのある足し算では，次のように補数を用いる考え方がよいのです．なお，計算は左から行っていくという原則は，この段階から気をつけていきたいものです．

$$7+8 = 7+3+5 = 10+5 = 15$$
$$4+9 = 4+6+3 = 10+3 = 13$$

次に 1 桁どうしの足し算以外の足し算を考えると，1 章 6 節で述べたことを参考にすると分かるように，いずれ 3 桁どうしの足し算まで行うべきです．そして位取りを意識して計算することが大切で，そのためにタイルを用いた理解も良いでしょう．

たとえば

$$139 + 145 = 284$$

を学ぶときは，次のように考えます．

```
   139        百の位   十の位   一の位
  +145          1       3       9
  ----                         
   284         +1       4      +5
                       +1
              ----    ----    ----
                2       8       4
```

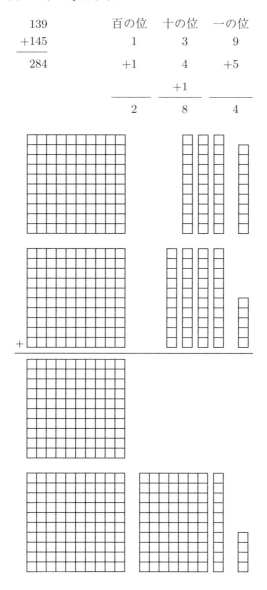

これから**引き算**を考えますが，最初に $13-7$ を 2 つの方法で取り上げます．

$$13 - 7 = 13 - (3 + 4) = 13 - 3 - 4 = 10 - 4 = 6$$

$$13 - 7 = (10 + 3) - 7 = 10 - 7 + 3 = 3 + 3 = 6$$

上の方は，最初に 7 を 3 と 4 に分けて，$13 - 3$ を行って 10 を作ります．その 10 から残りの 4 を引いて 6 を出します．この方法を**減減法**といいます．

　下の方は，最初に 13 を 10 と 3 に分けます．その 10 から 7 を引いて，その残りに 3 を加えます．この方法を**減加法**といいます．減減法と減加法はどちらでもよく，練習を積んで確実なものにしたいところです．

　ちなみに日本における指導では減加法を多く用いていますが，私自身の頭の中では減減法を用いていた感じです．

　引き算の要点に関しては，3 桁どうしの引き算で学ぶべき内容が含まれます．いくつかの例によって，それらを学びましょう．

　まず，$468 - 123 = 345$ のように，一の位，十の位，百の位，どれも引く数が引かれる数以下の場合は，やさしく分かるでしょう．

	百の位	十の位	一の位
468	4	6	8
−123	−1	−2	−3
345	3	4	5

　次に，$461 - 125 = 336$ を例にして，一の位だけ引く数が引かれる数より大きい場合を考えましょう．この場合，一の位で 1 から 5 は引けないので，十の位から 10 を 1 つ取ってきて，一の位は $11 - 5$ と計算して出します．そこで，引かれる数の十の位は 6 が 5 になります．この計算を図示すると右上のようになります．なお，「十の位から 10 を 1 つ取ってきて」を「十の位から 1 **繰り下げる**」とも言います．

　また，たて書きの引き算としては，次のように書きます（右上図参照）．

$$\begin{array}{r} 461 \\ -125 \\ \hline 336 \end{array}$$

　次に，$421 - 135 = 286$ を例にして，一の位の引く数が引かれる数より大きい

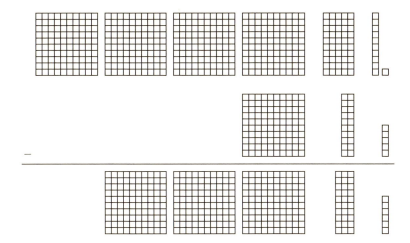

だけでなく，引かれる数の十の位から 10 を 1 つ取ってきた後に，十の位の引く数が引かれる数より大きくなる場合を考えましょう．この場合，引かれる数の十の位から 10 を 1 つ取ってきて，それを一の位に加えます．

さらに，百の位から 100 を 1 つ取ってきて，十の位に 10 の 10 個ぶんを加えます．そのようにした後で，引き算を実行します．この計算を図示すると以下のようになります．なお，「百の位から 100 を 1 つ取ってきて」を「百の位から 1 繰り下げる」ともいいます．

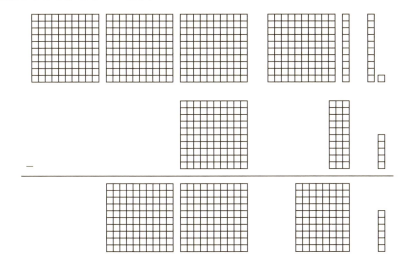

066 ● 第 2 章 | 数と計算

また，たて書きの引き算としては，次のように書きます．

$$
\begin{array}{r}
421 \\
-135 \\
\hline
286
\end{array}
$$

2.5 不等号の記号

最初に，次の 2 つの式を見てください．前の方は正しいですが，後の方はどうでしょうか．

$$7 \geqq 4 \qquad 4 \geqq 4$$

実は，後の方も正しいです．「後の方は間違っている」と思う小学校の先生方も少なくありません．そこで，**不等号の記号**の意味を以下まとめて述べておきましょう．

$\triangle > \square$ あるいは $\square < \triangle$ …$\square$ は $\triangle$ より小さい（$\triangle$ は $\square$ より大きい）

$\triangle \geqq \square$ あるいは $\square \leqq \triangle$ …$\square$ は $\triangle$ 以下（$\triangle$ は $\square$ 以上）

なお，「$\square$ は $\triangle$ 以下」の意味は，「$\square$ は $\triangle$ より小さいか，または，$\square$ と $\triangle$ は等しい」の意味です．したがって，「$4 \geqq 4$」は正しいのです．

2.6 掛け算と九九の導入

まず，**掛け算**の定義から始めます．1 枚の皿にミカンが 3 個ずつ乗せてあるとき，皿が 5 枚あればミカンは全部で

$$3 + 3 + 3 + 3 + 3 = 15$$

と計算して，15 個あることになります．そして，上の式は掛け算を用いて

$$3 \times 5 = 15$$

と書きます．そこで，皿が 1 枚，2 枚，3 枚，4 枚，5 枚，6 枚，7 枚，8 枚，9 枚あることを考えれば，

$$3 \times 1, \quad 3 \times 2, \quad 3 \times 3, \quad 3 \times 4, \quad 3 \times 5, \quad 3 \times 6, \quad 3 \times 7, \quad 3 \times 8, \quad 3 \times 9$$

は，それぞれ求まります．また，皿がなければミカンはないので，

$$3 \times 0 = 0$$

も理解できます．

　たまに大学生で九九を全部言えない人もいますが，**九九**だけは覚えなくてはなりません．とくに大切なことは，上で示した 3×5 のように，忘れた場合は定義に戻って計算して求められるようにしておくことです．

　現在は，以下の 81 個の掛け算を覚えさせるようになっていますが，私自身は，下線を引いたものだけで良いという江戸時代の数学教科書『塵劫記』の考え方に軍配を上げたいところです．なぜならば，1 がつく掛け算は覚えなくてもすぐに分かるからです．さらに大切なことは，足し算と掛け算は引き算や割り算と違って，演算の順序を逆にしても結果が同じになる交換法則が成り立ちます．この認識を徹底することからも，そのように考えます．

　実際，私が授業を担当していた大学生から，「先生，クハチ（9×8）って何でしたっけ？」という質問を受けました．私は，「では，ハック（8×9）は何ですか？」と尋ねたら「72」とすぐに答えたのです．もっとも，81 個全部を覚えておいておいた方が，さまざまな計算が若干速くなることは確かでしょう．

1×1	1×2	1×3	1×4	1×5	1×6	1×7	1×8	1×9
2×1	$\underline{2 \times 2}$	$\underline{2 \times 3}$	$\underline{2 \times 4}$	$\underline{2 \times 5}$	$\underline{2 \times 6}$	$\underline{2 \times 7}$	$\underline{2 \times 8}$	$\underline{2 \times 9}$
3×1	3×2	$\underline{3 \times 3}$	$\underline{3 \times 4}$	$\underline{3 \times 5}$	$\underline{3 \times 6}$	$\underline{3 \times 7}$	$\underline{3 \times 8}$	$\underline{3 \times 9}$
4×1	4×2	4×3	$\underline{4 \times 4}$	$\underline{4 \times 5}$	$\underline{4 \times 6}$	$\underline{4 \times 7}$	$\underline{4 \times 8}$	$\underline{4 \times 9}$
5×1	5×2	5×3	5×4	$\underline{5 \times 5}$	$\underline{5 \times 6}$	$\underline{5 \times 7}$	$\underline{5 \times 8}$	$\underline{5 \times 9}$
6×1	6×2	6×3	6×4	6×5	$\underline{6 \times 6}$	$\underline{6 \times 7}$	$\underline{6 \times 8}$	$\underline{6 \times 9}$
7×1	7×2	7×3	7×4	7×5	7×6	$\underline{7 \times 7}$	$\underline{7 \times 8}$	$\underline{7 \times 9}$
8×1	8×2	8×3	8×4	8×5	8×6	8×7	$\underline{8 \times 8}$	$\underline{8 \times 9}$
9×1	9×2	9×3	9×4	9×5	9×6	9×7	9×8	$\underline{9 \times 9}$

なお，5 の段と 2 の段を先に覚える現在の指導法に私も賛成します．これは，ものを数えるときに「ゴ，ジュウ，ジュウゴ，ニジュウ，…」，あるいは「ニ，

シ，ロ，ヤ（ハ），…」という表現をよく用いるからです．

最近，「1枚の皿にミカンが3個ずつ乗せてあるとき，皿が5枚あればミカンは全部で何個ですか」というような問題に対して，「答案用紙に「5 × 3 = 15（個）」と書いたら×で，「3 × 5 = 15（個）」と書いたら○」というコメントをときどき見聞きします．

学校でそのように指導されるならば，それに従っておく方が無難でしょう．しかし私の本心は，どちらでも構わないという考えです．さらに，そのようなことで子どもたちを委縮させては意味がないとも考えます．以下，私の考えを述べましょう．

まず，次のように並べた図を見てください．

この図を見れば，3 × 5 でも 5 × 3 でもどちらでも構わないことが分かるでしょう．しかしながらこの説明では，「どちらでも構わない」という説に対して，「3個が5つだから…」という理由で反論をガタガタ言われることもあるそうです．その場合，次の質問をしてみてください．

質問1 犬を大好きな4人が，それぞれ3匹の子犬を連れてきて集まりました．ある御隠居さんが，「可愛い子犬がたくさん集まりましたね．それでは，どの子犬にもビスケットを5枚プレゼントしましょう」と言いました．御隠居さんは何枚のビスケットを用意すればよいでしょうか．

私は，

$$(4 \times 3) \times 5 = 12 \times 5 = 60（枚）$$

で構わないと考えますが，反論をガタガタ言われる方の立場からすると，

$$(5 \times 3) \times 4 = 15 \times 4 = 60（枚）$$

2.7 | 3桁どうしの掛け算と大きい桁の数 ● 069

となるはずです．それでも反論をガタガタ言われる場合には，次の質問をするともめごとは収まるようです．

質問2 　登山道を上ってきた登山者がA地点にいます．その先を見ると道は4つに分かれています．その4つの道をどれに進んでも，道は3つに分かれます．さらに，それらの道をどれに進んでも，道は5つに分かれます．しかし，どの道を進んでも行き止まりになっているそうです．登山者にとって，A地点から行き止まりまでのルートは全部でいくつあるでしょうか．

　この問題の解答が，

$$(4 \times 3) \times 5 = 12 \times 5 = 60 \text{（ルート）}$$

であることに異議を唱える人は未だ会ったことがありません．

　このあたりのもめごとの背景には，「九九の覚える対象は81個である」か「下線を引いた36個でよい」か，という問題と関係があるように考えます．

2.7 ┊ 3桁どうしの掛け算と大きい桁の数

　1章6節で3桁どうしの掛け算の重要な点を述べましたが，他にもそれによって学ぶ大切なことがあります．本節では，そのあたりから述べましょう．1章6節では次の掛け算（筆算）を取り上げました．

$$
\begin{array}{r}
493 \\
\times \quad 738 \\
\hline
3944 \\
1479 \\
3451 \\
\hline
363834
\end{array}
$$

　上のたて書き掛け算で，最初の段，2番目の段，3番目の段はそれぞれ次の式を意味しています．

$$493 \times 8 = 3944$$

$$493 \times 30 = 14790$$

$$493 \times 700 = 345100$$

もちろん，この計算を行う理由は，次式があることに注意します．

$$493 \times 738 = 493 \times (8 + 30 + 700) = 493 \times 8 + 493 \times 30 + 493 \times 700$$

2 番目の段では 14790 の最後の 0 が，そして 3 番目の段では 345100 の最後の 00 がそれぞれ省略されています．私は小学生の頃，そのような省略があるとは思わなかったことから，実はたて書き掛け算は以下のようにやってしまって，試験では 0 点だったことがあります．

$$
\begin{array}{r}
493 \\
\times \quad 738 \\
\hline
3944 \\
1479 \\
3451 \\
\hline
8874
\end{array}
$$

　結局，先生と親に教えてもらって，0 や 00 が省略されていることを理解しました．そのとき同時に，「数字の末尾の 0 や 00 を省略することは問題であり，将来大人になったら，そのような省略のない記法を広げたい」という気持ちを子どもながらにもちました．

　そして今から 15 年ほど前，インドのある算数教科書を見ているとき，ふと下記のような記法で指導している部分を見て感激しました．参考にしていただければと思います．

$$
\begin{array}{r}
493 \\
\times \quad 738 \\
\hline
3944 \\
14790 \\
345100 \\
\hline
363834
\end{array}
$$

　次に，493×708 というような，あいだに 0 が入る掛け算を考えましょう．下

記のたて書き掛け算は，次の式を考えています．

$$493 \times 708 = 493 \times (8 + 700) = 493 \times 8 + 493 \times 700$$

```
        493
    ×   708
    ───────
       3944
      3451
    ───────
     349044
```

上の書き方で大切なことは，0だけの段を省略していることです．

```
        493
    ×   708
    ───────
       3944
        000
      3451
    ───────
     349044
```

　1章6節で述べたことと本節の上で述べたことを合わせて考えれば，たて書きの掛け算指導を2桁どうしだけで終わらせることは，"暴走"以外の何ものでもないことが分かるでしょう．また，今までに指摘したことを理解すれば，より桁数の大きい掛け算も，とくにギャップもなくできるはずです（1章6節参照）．

　桁数の大きい数どうしの掛け算に関連して，大きい桁の数をここで触れておくことにしましょう．2018年末に，国の予算の規模を示す一般会計の歳出総額は2019年度に初の100兆円を超えるというニュースがありました．

　この数字を見れば分かるように，算数として扱う数字の単位は，一を1万倍した万，万を1万倍した億，億を1万倍した兆，そして兆を1万倍した京（けい）を知っていれば十分でしょう．その先は，いずれ高校で指数を学ぶ段階まで楽しみにとっておけばよいでしょう．

　もっとも私は小学生の頃，担任の先生から京の先の話を聞いて，とても興味をもったことを思い出します．そこで参考までに，京から次々と1万倍してい

く単位を書いておきます.

京（けい）, 垓（がい）, 秭（じょ）, 穣（じょう）, 溝（こう）, 澗（かん）, 正（せい）, 載（さい）, 極（ごく）, 恒河沙（ごうがしゃ）, 阿僧祇（あそうぎ）, 那由他（なゆた）, 不可思議（ふかしぎ）, 無量大数（むりょうたいすう）

この中でとくに注目したい単位は, 10 の 52 乗の恒河沙です. これはインドのガンジス川の砂を意味しています. この話を先生から聞いたとき, 大きな夢を抱いたことが忘れられません.

2.8 割り算の導入と余り

18 個のミカンを 6 人の子どもたちに等しく分けることを考えます. これは,

$$\Box \times 6 = 18$$

となる $\Box$ を求めることになります. 九九を思い出して $\Box$ が 3 であることが分かりますが, これを**割り算**の式として

$$18 \div 6 = 3$$

と書きます. そして, このような割り算をとくに**等分除**といいます.

一方, 18 個のミカンを 6 個ずつ分けると, いくつの山ができるかを考えます. これは,

$$6 \times \triangle = 18$$

となる $\triangle$ を求めることになります. やはり九九を思い出して $\triangle$ が 3 であることが分かり, これも**割り算**の式として

$$18 \div 6 = 3$$

と書きます. そして, このような割り算をとくに**包含除**といいます.

意味は異なっても, 等分除と包含除の割り算の式は同じであることに注意してください. これを保証しているのは, 掛け算は演算の順序を交換しても結果は同じということです.

$18 \div 6$ という割り算をたて書きで書くと,

$$
\begin{array}{r}
3 \\
6\,\overline{\big)\,18} \\
\underline{18} \\
0
\end{array}
$$

となります．割り算の結果の**商**としての 3 という 1 桁の数は，割られる数 18 の
一の位の上に書きます．18 の下にある 18 は，3×6 の結果としての 18 です．

割り算が，足し算，引き算，掛け算などと異なる点は，多くの場合**余り**があ
ることです．

$$
17 \div 5 = 3 \text{ あまり } 2
$$

という式の理解は，包含除の考え方で理解すると分かりやすいようです．たと
えば，17 個のミカンを 5 個ずつに分けると，3 つの山ができて，あと 2 個余り
ます．この式をたて書き（筆算）で書くと，

$$
\begin{array}{r}
3 \\
5\,\overline{\big)\,17} \\
\underline{15} \\
2
\end{array}
$$

となります．割られる数 17 の下にある 15 は 3×5 の結果で，2 は 17 から 15 を
引いた**余り**です．

なお，商の 3 は次のように理解したいものです．

$$
\left.
\begin{array}{l}
17 - 5 = 12 \\
12 - 5 = 7 \\
7 - 5 = 2
\end{array}
\right\} 5 \text{ を 3 回引くことができる．}
$$

要するに，17 から 5 を引けるだけ引くときの最大回数が 3 ということです．
この意味を理解していない高校生や大学生は非常に多くいます．たとえば，x
と y を整数とするとき，

$$
3x + 20y \text{ を 20 で割った余り} = 3x \text{ を 20 で割った余り}
$$

を理解できる高校生や大学生は一部の人たちに限られます（1 章 16 節の誕生日
当てクイズを参照）．

074 ● 第 2 章 | 数と計算

　上記のことを理解した上で，**割られる数（被除数）も割る数（除数）も一般**の桁数の場合について，$7648 \div 27$ という具体例によって考えましょう．

$$
\begin{array}{r}
283 \\
27 \,)\overline{\,7648\,} \\
54 \\
\hline
224 \\
216 \\
\hline
88 \\
81 \\
\hline
7
\end{array}
$$

　まず，7648 から 27 を，何百回引くことができるかを考えます．これは，7600 から 27 を，何百回引くことができるかを考えることと同じです．27 に 3 を掛けると 81 なので，300 回引くことはできません．しかし，27 に 2 を掛けると 54 なので，200 回引くことができます．そこで，7648 の百の位の 6 の上に 2 を書きます．

　次に，7648 から 5400 を引いた結果の 2248 から 27 を何十回引くことができるかを考えます．これは，2240 から 27 を何十回引くことができるかを考えることと同じです．27 に 8 を掛けると 216 で，また 224 と 216 は 8 しか違わないので，80 回引くことができます．そこで，7648 の十の位の 4 の上に 8 を書きます．

　次に，2248 から 2160 を引いた結果の 88 から 27 を何回引くことができるかを考えます．27 に 3 を掛けると 81 で，また 88 と 81 は 7 しか違わないので，3 回引くことができます．そこで，7648 の一の位の 8 の上に 3 を書きます．

　要するに，7648 から 27 を合計 283 回引くことができて，最後の段の 7 が余りとなります．以上から，

$$7648 \div 27 = 283 \text{ あまり } 7$$

が導かれたのです．

　なお，上の計算でも分かるように，割り算の計算では商を立てることが難しいのです．これには，練習を積んで概算の感覚を育むことが大切です．

　ところで，次の 2 つの割り算はどちらも「2 あまり 1」という答えは同じ

です.

$$7 \div 3 = 2 \, \text{あまり} \, 1, \qquad 31 \div 15 = 2 \, \text{あまり} \, 1$$

しかしながら，$7 \div 3$ と $31 \div 15$ は等しくありません．この背景には，余りのある割り算での「＝」は，等しい意味の「＝」を使っているのではないことがあります．この点は注意しましょう.

また，割り算では，「0 で割る」ことは考えないことにします.

2.9 四則混合計算

複数の大学で膨大な調査をした結果，次の四則混合計算を間違える大学生が 1 割近くいます.

$$40 - 16 \div 4 \div 2$$

最初に正解を述べて，その後に誤解答の事例を紹介しましょう.

$$40 - 16 \div 4 \div 2$$
$$= 40 - 4 \div 2 = 40 - 2 = 38 \quad \cdots \text{正解}$$
$$40 - 16 \div 4 \div 2$$
$$= 40 - 16 \div 2 = 40 - 8 = 32$$
$$40 - 16 \div 4 \div 2$$
$$= 24 \div 4 \div 2 = 6 \div 2 = 3$$
$$40 - 16 \div 4 \div 2$$
$$= 40 - 4 \div 2 = 36 \div 2 = 18$$
$$40 - 16 \div 4 \div 2$$
$$= 24 \div 2 = 12$$

なお，誤解答としては上の 2 つが多くあったものの，下の 2 つもありました.

結局，四則混合計算の規則を忘れてしまった大学生がいることになりますが，こんなこともなぜ忘れてしまったのか不思議に思う読者もいるでしょう.

そこで考えなくてはならないことは，以下の四則混合計算をどのように覚えたかということです.

076 ● 第 2 章 │ 数と計算

> **四則混合計算の規則**
> ・ 計算は原則として式の左から行う.
> ・ カッコのある式の計算では，カッコの中をひとまとめに見て先に計算する.
> ・ ×（掛け算）や ÷（割り算）は ＋（足し算）や −（引き算）より結びつきが強いと見なし，先に計算する.

　日本の算数教科書を見ていただければ分かりますが，最初に規則を教えて，続けていくつかの計算練習を行っています．ところが，手元にあるインドの算数教科書は違う構成になっています．

　何が違うかというと，練習問題の量は日本よりはるかに多くありますが，計算規則の導入が根本的に違います．いきなり規則を明示する日本と違って，最初は上で示した誤答例のような，規則を設けないとどのようなトラブルが起こるのかを示しているのです．

　要するに規則を設けないと，人それぞれによって答えが違う重大なトラブルが起こることを説明し，そこから 3 つの計算規則を設けるのです．このような導入法はとても参考になるでしょう．

　ちなみに，戦前や戦後の高度経済成長期あたりまでの算数教科書には，計算規則を復習する四則混合計算の問題がたくさんありました（1 章 6 節の表を参照）．それが「ゆとり教育」時代の教科書には，数えるほどしかありません．そこで私は，上記のような問題で間違える昨今の大学生に会う度に，申し訳ない気持ちになります．

2.10 交換法則と結合法則と分配法則

　子どもたちが習う数の範囲は，学年が上がるごとに広がっていきます．0 以上の整数，小数，分数を小学校で学び，中学校では負の数と無理数を学び，高校では複素数も学びます．

　本節で述べる交換法則と結合法則と分配法則は，扱う数の範囲が複素数まで

広がっても成り立つ性質です．しかしながら，扱う範囲が広がる度にこれらの法則を説明することもできますが，意外と難しい場合もあります．

たとえば中学校の数学教科書では，下図のように長方形の面積を用いて結合法則の説明をしています．

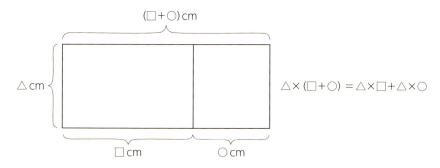

ところがこの説明だけでは，厳密には △, □, ○ が正の数の場合だけに限定されているのです．私は，これを負の数にも拡張した証明を拙著『新体系・中学数学の教科書（上）』に載せましたが，若干難しくなります．

そのような背景もあるので，本節では自然数（正の整数）の範囲で以下の3つの法則を説明しましょう．算数の範囲ならば，これで納得してもらえれば十分だと考えます．

なお，△, □, ○ は任意の自然数とします．

・交換法則
 和（足し算）の交換法則　△ + □ = □ + △
 積（掛け算）の交換法則　△ × □ = □ × △
・結合法則
 和の結合法則　(△ + □) + ○ = △ + (□ + ○)
 積の結合法則　(△ × □) × ○ = △ × (□ × ○)
・分配法則
　△ × (□ + ○) = △ × □ + △ × ○

和の交換法則については，下図のように一列に並んだ。の個数を左から数えるのも，右から数えるのも同じであることから理解できます。

積の交換法則については，本章 6 節で説明した 3×5 と 5×3 が等しい図について，3 を △，5 を □ に一般化すれば理解できます。

和の結合法則については，下図のように一列に並んだ。の個数が同じであることから理解できます。

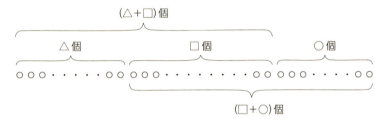

積の結合法則については，下図のように，一辺が 1 cm の立方体を積み上げた直方体の図形における立方体の個数を考えます。直方体としては，たて △ cm，横 □ cm，高さ ○ cm なので，立方体の個数を考えると，

$$(\triangle \times \square) \times \bigcirc = \triangle \times (\square \times \bigcirc)$$

が導かれます。

分配法則については，右上図のように，一辺が 1 cm の正方形を並べた長方形の図形における正方形の個数を考えます。

長方形 ABCD における正方形の個数は，長方形 ABFE における正方形の個数と長方形 EFCD における

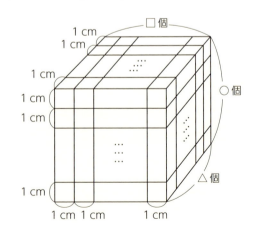

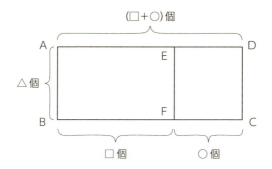

正方形の個数の和となるので，

$$\triangle \times (\square + \bigcirc) = \triangle \times \square + \triangle \times \bigcirc$$

が導かれます．

2.11　小数の仕組みと計算

小数の導入は，長さや体積などの視覚的に分かりやすい量を用いるとよいでしょう．

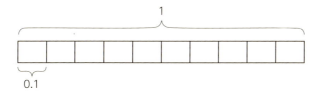

上の図で，基準となる 1 を十等分した一つを 0.1 と定め，十等分した三つを 0.3 と考えます．そして上の図で，1 と 0.3 を合わせたものを 1.3 と考えます（下図参照）．さらに，2 と 0.3 を合わせたものを 2.3，3 と 0.3 を合わせたものを 3.3 と考えます．

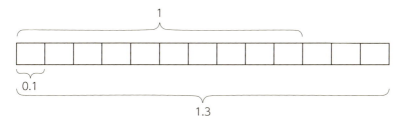

小数第 2 位以下は，0.1 を十等分した一つを 0.01，0.01 を十等分した一つを 0.001 と定めます．以下，同じです．

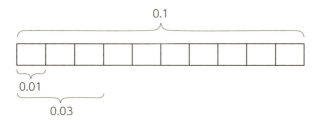

2 と 0.3 と 0.01 を合わせたものは 2.31 と考えるように，いろいろな例を用いて小数を理解すると，後で困ることはないでしょう．もちろん，長さ，体積，重さ，時間などの物理量で，小数の扱いを徐々に慣れていくことが大切です．

　小数どうしの足し算，引き算は，**小数点**の位置をそろえて計算することに注意すれば，整数どうしの足し算，引き算をマスターしている生徒にとっては大きなギャップはないはずです．もっとも引き算に関しては，引く数の方が小数点以下の桁数が多くある場合は下記のように工夫する必要が生じます．以下の 2 つの計算を筆算で行いましょう．

$$3.59 + 27.69, \quad 17.34 - 7.493$$

$$\begin{array}{r} 3.59 \\ + 27.69 \\ \hline 31.28 \end{array} \qquad \begin{array}{r} 17.340 \\ - 7.493 \\ \hline 9.847 \end{array} \quad (0 \text{ を付ける})$$

次に**小数**どうしの掛け算ですが，これには若干の工夫が必要です．まず，

$$2 \times 3 = 6$$

に関して，2 を 100 倍した 200 と，3 を 10 倍した 30 を掛けると，

$$200 \times 30 = 6000$$

となります．要するに，一方を 100 倍して，他方を 10 倍すれば，結果は 1000 倍になるのです．それを参考にして，

2.11 │ 小数の仕組みと計算 ● 081

$$6.48 \times 5.7$$

を考えてみましょう. 6.48 を 100 倍した 648 と 5.7 を 10 倍した 57 を掛けると,

$$
\begin{array}{r}
648 \\
\times 57 \\
\hline
4536 \\
3240 \\
\hline
36936
\end{array}
$$

となります. しかし, この結果は 1000 倍されているので, 最後に 1000 で割る必要があります. そこで, 6.48×5.7 の筆算は以下のようになります.

$$
\begin{array}{r}
6.48 \\
\times 5.7 \\
\hline
4536 \\
3240 \\
\hline
36.936
\end{array}
$$

　上の計算では, 途中まではあたかも 648×57 を計算して, 最後に最下段の数を 1000 で割って, すなわち, 後ろから 3 つ目の数である 9 の前に小数点を打っていることに注意します.

　なお, 結合法則と交換法則を使って次のように示すこともできます. 何やら代数学の授業をしているようで少し気が引ける面もありますが, このような記述を少なくとも 1 回は残しておく必要があるでしょう.

$$
\begin{aligned}
6.48 \times 5.7 &= (6.48 \times 5.7) \times 1000 \div 1000 \\
&= \{(6.48 \times 5.7) \times (100 \times 10)\} \div 1000 \\
&= [\{(6.48 \times 5.7) \times 100\} \times 10] \div 1000 \\
&= [\{6.48 \times (5.7 \times 100)\} \times 10] \div 1000 \\
&= [\{6.48 \times (100 \times 5.7)\} \times 10] \div 1000 \\
&= [\{(6.48 \times 100) \times 5.7)\} \times 10] \div 1000 \\
&= \{(648 \times 5.7) \times 10\} \div 1000
\end{aligned}
$$

082 ● 第 2 章 | 数と計算

$$= \{648 \times (5.7 \times 10)\} \div 1000$$
$$= (648 \times 57) \div 1000$$
$$= 36936 \div 1000 = 36.936$$

次に**小数**どうしの割り算ですが，これに関しては最後に述べる「余りのある問題」でとくに注意が必要になります．最初の準備として，次の計算を確認しておきます．

$$\left.\begin{array}{l} 6 \div 3 = 2 \\ 60 \div 3 = 20 \\ 600 \div 3 = 200 \\ 6000 \div 3 = 2000 \end{array}\right\} (\text{☆})$$

これは $6 \div 3$ を基準として考えると，割られる数が 10 倍，100 倍，1000 倍になると，商もそれぞれ 10 倍，100 倍，1000 倍になることを示しています．

小数どうしの割り算のうち，余りのない割り算から説明しましょう．まず，

$$19.02 \div 6$$

という小数 ÷ 整数の割り算を筆算で行うと以下のようになります．

$$
\begin{array}{r}
3.17 \\
6{\overline{\smash{\big)}\,19.02}} \\
\underline{18} \\
10 \\
\underline{6} \\
42 \\
\underline{42} \\
0
\end{array}
$$

この計算は，小数点がなかったとして $1902 \div 6$ を計算します．これは，$19.02 \div 6$ の割られる数を 100 倍にして計算していることに注意します．そして（☆）を参考にすると，最後に 19.02 の小数点の真上に小数点を打つことが理解できます．

次の準備として，以下の計算を確認しておきます．

$$
\left.\begin{array}{r}
600 \div 300 = 2 \\
60 \div 30 = 2 \\
6 \div 3 = 2 \\
0.6 \div 0.3 = 2 \\
0.06 \div 0.03 = 2
\end{array}\right\}(\bigstar)
$$

今度は，$36.936 \div 5.7$ を例にして，余りのない小数 ÷ 小数の筆算による説明
をします．

$$
\begin{array}{r}
6.48 \\
5.7\,)\,\overline{36.936} \\
34\ 2 \\
\hline
2\ 73 \\
2\ 28 \\
\hline
556 \\
556 \\
\hline
0
\end{array}
$$

　上の筆算では，（★）を参考にして $36.936 \div 5.7$ の代りに $369.36 \div 57$ を計算
しています．これは，小数 ÷ 整数の筆算に帰着させているのです．5.7 の 7 の
下と 36.936 の 9 の下に「⌣」があるのは，小数点の位置をずらしている記号
です．

　ちなみに，$36.936 \div 6.48$ を筆算で計算して答えの 5.7 を求める場合は，「⌣」
は 6.48 の「48」の部分と，36.936 の「93」の部分の下に書くことになります．

　最後に，小数どうしの割り算のうち，**余りのある割り算**の説明をしましょう．
この準備として，以下の計算を確認しておきます．なお，「…」は「あまり」の
意味です．

$$
\left.\begin{array}{r}
700 \div 300 = 2 \cdots 100 \\
70 \div 30 = 2 \cdots 10 \\
7 \div 3 = 2 \cdots 1 \\
0.7 \div 0.3 = 2 \cdots 0.1 \\
0.07 \div 0.03 = 2 \cdots 0.01 \\
0.007 \div 0.003 = 2 \cdots 0.001
\end{array}\right\}(\ast)
$$

　（＊）が示していることは，割られる数と割る数がともに 10 倍，100 倍，1000
倍になれば，商は同じでも，余りはそれぞれ 10 倍，100 倍，1000 倍になって

084 • 第 2 章 │ 数と計算

いることです.

　小数どうしの割り算を考えるとき，以下の 2 つの例のように，小数点をずらして割り算を行い，余りの小数点の位置はずらしたぶんを戻した位置になります.

例 2

(1) $2.8 \div 7.3$ の商を小数第 2 位まで計算して余りも求めると，

　　商は 0.38，余りは 0.026 となります.

```
        0.38
  7.3) 2.80
       2 19
         610
         584
       0 026
```

(2) $7.232 \div 8.81$ の商を小数第 2 位まで計算して余りも求めると，

　　商は 0.82，余りは 0.0078 となります.

```
         0.82
  8.81) 7.232
        7 048
          1840
          1762
        0 0078
```

2.12 ┊ 倍数・約数と奇数・偶数

　一般に整数は，

$$\cdots, -3, -2, -1, 0, 1, 2, 3, 4, \cdots$$

という数ですが，算数の範囲ではそれらのうち 0 以上を対象としています. とくに，1 以上の整数を**自然数**といいます.

　整数 △ と 0 以外の整数 □ に対し，

$$\triangle = \square \times \bigcirc$$

となる整数 $\bigcirc$ があるとき，$\triangle$ は $\square$ の**倍数**，$\square$ は $\triangle$ の**約数**といいます.

とくに，2 の倍数を**偶数**といいます.

$$0 = 2 \times 0$$

なので，0 も偶数です. 偶数でない整数を**奇数**といいます.

本節の内容に関しては，楽しい生きた題材で学ぶと興味・関心を高めるでしょう. そのような立場から 2 つの例を紹介します.

例 1

[倍数の小話]　ある日，お母さんは小学生の兄と妹に，「今日は家でパーティーがあるのよ. 5 千円札を渡すから，270 円のお弁当を 5 個と，他に 60 円のお団子と 90 円の草もちも適当に混ぜて買ってきてちょうだい」とお使いをお願いしました.

お団子屋さんに着くと兄は妹に「お釣り，ちょっとごまかして，二人で 100 円ずつもらって，近くのコンビニで 1 本 100 円のアイスキャンディーを 1 本ずつ買って食べない？　どうせママは算数が苦手だし忙しいからバレないよ」と言ったところ，妹は「お兄ちゃん，ちょっと悪いことだけど，一緒に仲良くアイスキャンディーを 1 本ずつ食べたいね」と返事をしたのです.

結局二人は，270 円のお弁当 5 個と，60 円のお団子と 90 円の草もちをそれぞれ 20 個ずつ買って，中が見えないように袋に入れてもらいました. それらの合計金額は

$$270 \times 5 + 60 \times 20 + 90 \times 20 = 4350 \quad （円）$$

となり，二人はお釣りの 650 円から 200 円をこっそり取って，コンビニで 1 本 100 円のアイスキャンディーを 1 本ずつ買って食べて帰りました. 二人は帰宅するとすぐに，「お母さん，袋の中にお団子と草もちとお弁当が入っています. ハイ，おつりの 450 円です」と言って，お母さんに 450 円

を渡しました．するとお母さんは袋の中を見ることもせず，いきなり「ちょっと，二人は私にウソを言っているでしょ」と叱ったのです．なぜ，お母さんはそのように叱ることができたのでしょうか．

それは，お弁当とお団子と草もちの値段はどれも 30 円の倍数です．そこで，合計代金も 30 円の倍数になります．そして，お釣りの 450 円も 30 円の倍数です．したがって，それらを合わせた合計金額も 30 円の倍数になります．ところが，5000 円は 30 円の倍数にならないので，矛盾です．だから，お母さんは二人のウソを身抜けたのです．

例 2

[奇数・偶数の小話] いま，30 人が参加するあるパーティー会場で，17 人は「ちょうど 20 人とお互い知り合いの関係がある」と言い，残りの 13 人は「ちょうど 15 人とお互い知り合いの関係がある」と言いました．すると，パーティーに参加していたある御隠居さんは，「誰かがウソを言っていますね」と突然言いました．どうして，そのように言えたのでしょうか．

まず，知り合いの関係全部の個数を求めてみましょう．その準備として，知り合いの関係全部の個数とは，たとえば次のように図示した場合の線の本数のことです．図示した例は，A，B，C，D の 4 人がいる場合です．A は B と知り合いで，B は A，C，D と知り合いで，C は B，D と知り合いで，D は B，C，E と知り合いで，E は D と知り合いのとき，知り合いの関係それぞれを線で示しています．すべての線の本数は 5 本になるので，知り合いの関係は 5 個ということです．

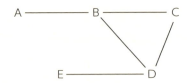

図において，A, B, C, D それぞれから見ての知り合いの本数は 1 本，3 本，2

本，3本，1本で，それらの合計は10本になりますが，この計算では1つの知り合いは2回ずつ計算されていることに注意してください．たとえばAとBを結ぶ線は，Aからの1本とBからの3本のうちの1本として計算されています．したがって，合計の10本を2で割って得られる5本という答えが，図における知り合いの関係全部の個数になります．

話を30人のパーティー会場の場合に戻して，知り合いの関係全部の個数を上のようにして計算すると，

$$(20 \times 17 + 15 \times 13) \div 2 = 535 \div 2 = 267.5 \,(\text{個})$$

という答えになります．ところが，知り合いの関係の個数は整数でなくてはならないので，これは矛盾です．したがって，パーティー会場では「誰かがウソを言っている」という御隠居さんの発言は正しいのです．

2.13 | 素数と素因数分解

素数とは，

$$2, 3, 5, 7, 11, 13, 17, 19, 23, 29, 31, \cdots$$

のように，1とそれ自身以外の約数をもたない2以上の整数です．最近は素数については，算数で学ばなくなりましたが，かつては自然数の素因数分解も算数で学びました．

なお自然数の**素因数分解**とは，自然数を素数の積（掛け算）として表すことです．たとえば，

$$60 = 2 \times 2 \times 3 \times 5$$

というように，いくつかの素数の積で表すことです．素因数分解に関しては，積の順番を無視すると一意的（唯一通り）に定まることが知られています．この証明は高校数学では学びませんが，拙著『新体系・高校数学の教科書（上）』の補章に書いてあります．

この事実を仮定すると，2つの自然数 a と b の最大公約数と最小公倍数は，以下のように記述できることが簡単に分かります．なお，a と b の**最大公約数**

088 ● 第 2 章 │ 数と計算

とは，a と b 両方の約数のうちで最大の数のことです．また，a と b の**最小公倍数**は，a と b 両方の倍数のうちで最小の数のことです．

最大公約数と最小公倍数　a と b を自然数とすると，

$$a = p_1^{e_1} p_2^{e_2} \cdots p_n^{e_n}, \qquad b = p_1^{f_1} p_2^{f_2} \cdots p_n^{f_n}$$

という形に一意的に表される．ただし，各 e_i と f_i は 0 以上の整数で，そのどちらかは 1 以上，$p_1, p_2, \ldots, p_n$ は互いに異なる素数である．そして，

$$a \text{ と } b \text{ の最大公約数} = p_1^{d_1} p_2^{d_2} \cdots p_n^{d_n}$$
$$a \text{ と } b \text{ の最小公倍数} = p_1^{m_1} p_2^{m_2} \cdots p_n^{m_n}$$

が成り立つ．ただし，

$$d_i = \min \{e_i, f_i\} \,(\text{小さい方の値}), \quad m_i = \max \{e_i, f_i\} \,(\text{大きい方の値})$$

例　360 と 420 の最大公約数と最小公倍数を求めましょう．

$$360 = 2 \times 2 \times 2 \times 3 \times 3 \times 5$$
$$420 = 2 \times 2 \times 3 \times 5 \times 7$$

なので，

$$360 \text{ と } 420 \text{ の最大公約数} = 2 \times 2 \times 3 \times 5 = 60$$
$$360 \text{ と } 420 \text{ の最小公倍数} = 2 \times 2 \times 2 \times 3 \times 3 \times 5 \times 7 = 2520$$

となります．

　なお，最大公約数と最小公倍数の求め方は他にもありますが，それらの仕組みの意味を理解する点で，上記の素因数分解に立ち返る方法が良いと考えます．

例　（素数の表）　100 までの素数の表を作ってみましょう．ここで紹介する「エラトステネスの<ruby>篩<rt>ふるい</rt></ruby> の方法」は，パソコンを用いて相当大きい数までの素数の表を作るときに便利なものです．

　もし，2 以上 100 未満のある整数 m が素数でないならば，m の素因数のうちで一番小さいものを p とすると，m は $p \times p$ 以上になります．もし，p が 10

以上ならば，m と $p \times p$ は 100 以上になってしまいます．そこで p は 10 未満の素数となり，p は 2, 3, 5, 7 のどれかになります．

　つまり，2 以上 100 未満の整数で素数でないものは，2, 3, 5, 7 のどれかを素因数とするのです．それゆえ，2, 3, 5, 7 のどれでも割り切れない 2 以上 100 未満の整数は，必ず素数になります．

　そこで，2 以上 100 未満の整数を全部書いて，2 以外の 2 の倍数全部を線で消します．続けて，3 以外の 3 の倍数全部，5 以外の 5 の倍数全部，7 以外の 7 の倍数全部も線で消します．すると，表のように線を引かずに残った整数

$$2, \quad 3, \quad 5, \quad 7, \quad 11, \quad 13, \quad 17, \quad 19, \quad 23, \quad 29, \quad 31, \quad 37, \quad 41,$$
$$43, \quad 47, \quad 53, \quad 59, \quad 61, \quad 67, \quad 71, \quad 73, \quad 79, \quad 83, \quad 89, \quad 97$$

が，100 未満の素数全部です．

$$
\begin{array}{llllllllll}
2 & 3 & \cancel{4} & 5 & \cancel{6} & 7 & \cancel{8} & \cancel{9} & \cancel{10} \\
11 & \cancel{12} & 13 & \cancel{14} & \cancel{15} & \cancel{16} & 17 & \cancel{18} & 19 & \cancel{20} \\
\cancel{21} & \cancel{22} & 23 & \cancel{24} & \cancel{25} & \cancel{26} & \cancel{27} & \cancel{28} & 29 & \cancel{30} \\
31 & \cancel{32} & \cancel{33} & \cancel{34} & \cancel{35} & \cancel{36} & 37 & \cancel{38} & \cancel{39} & \cancel{40} \\
41 & \cancel{42} & 43 & \cancel{44} & \cancel{45} & \cancel{46} & 47 & \cancel{48} & \cancel{49} & \cancel{50} \\
\cancel{51} & \cancel{52} & 53 & \cancel{54} & \cancel{55} & \cancel{56} & \cancel{57} & \cancel{58} & 59 & \cancel{60} \\
61 & \cancel{62} & \cancel{63} & \cancel{64} & \cancel{65} & \cancel{66} & 67 & \cancel{68} & \cancel{69} & \cancel{70} \\
71 & \cancel{72} & 73 & \cancel{74} & \cancel{75} & \cancel{76} & \cancel{77} & \cancel{78} & 79 & \cancel{80} \\
\cancel{81} & \cancel{82} & 83 & \cancel{84} & \cancel{85} & \cancel{86} & \cancel{87} & \cancel{88} & 89 & \cancel{90} \\
\cancel{91} & \cancel{92} & \cancel{93} & \cancel{94} & \cancel{95} & \cancel{96} & 97 & \cancel{98} & 99
\end{array}
$$

例　（素数の謎）　1 章 16 節で紹介した「双子素数」の問題と「ゴールドバッハの予想」は，数学者ばかりでなく多くの数学愛好家にとっても高い関心のある話題です．「不思議だな」という気持ちを育む最高の謎ではないかと思います．

2.14 分数の仕組みと計算

分数の導入も小数と同じように，長さや体積などの視覚的に分かりやすい量を用いるとよいでしょう．小数は基準となる 1 を十等分したものを 0.1，さらに 0.1 を十等分したものを 0.01，… というように定めました．

分数は小数とは若干違って，任意の自然数 △ に対して，基準となる 1 を △ 等分したものを $\frac{1}{\triangle}$ と定めます．そして，その 2 個ぶんを $\frac{2}{\triangle}$，その 3 個ぶんを $\frac{3}{\triangle}$，… と定めます．ちなみに，図の☆の部分は $\frac{1}{7}$ になります．また，★の部分は $\frac{3}{7}$ になります．明らかに，

$$\frac{1}{10} = 0.1, \quad \frac{1}{100} = 0.01, \quad \frac{1}{1000} = 0.001, \quad \cdots$$

が成り立ちます．

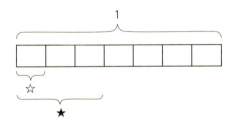

分数 $\frac{\square}{\triangle}$ の △ を**分母**といい，□ を**分子**といいます．そして，△ > □ のとき $\frac{\square}{\triangle}$ を**真分数**，△ ≦ □ のとき $\frac{\square}{\triangle}$ を**仮分数**といいます．

分母が同じ分数どうしの足し算，引き算はやさしく理解できます．たとえば，

$$\frac{3}{7} + \frac{2}{7} = \frac{3+2}{7} = \frac{5}{7}, \quad \frac{3}{7} - \frac{2}{7} = \frac{3-2}{7} = \frac{1}{7}$$

となります．

ここで，自然数 n と自然数 △ に対して，

$$n = \frac{n \times \triangle}{\triangle}$$

が成り立ちます．実際，$n = 3$，△ = 5 の場合，1 つの小さい長方形が $\frac{1}{5}$ を示している次の図から，$3 = \frac{3 \times 5}{5}$ が理解できます．

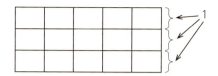

そして，自然数 n と分数 $\frac{□}{△}$ の和を $n\frac{□}{△}$ と書き，これは「n と $\frac{□}{△}$」と呼び，このような分数を**帯分数**といいます．ちなみに，

$$n\frac{□}{△} = n + \frac{□}{△} = \frac{n \times △}{△} + \frac{□}{△} = \frac{n \times △ + □}{△}$$

が成り立ちます．

例 （帯分数と仮分数） 両方の分数表示の長所・短所を考えてみましょう．

$$3\frac{4}{5} = \frac{3 \times 5 + 4}{5} = \frac{19}{5}$$

$$\frac{24}{7} = \frac{3 \times 7 + 3}{7} = 3\frac{3}{7}$$

まず，上の例で示したような帯分数を仮分数へ，仮分数を帯分数への変換はいろいろ練習しておくとよいでしょう．

後述するように，仮分数は掛け算や割り算などを計算するときに便利です．それでは，帯分数はどのような面で意義があるのでしょうか．それは，

$$\frac{557301}{397} = 1403\frac{310}{397}$$

を見ても分かるように，大体いくつぐらいの整数に近いのか，ということがすぐに分かります．

なお数学では，

$$n\frac{□}{△} = n \times \frac{□}{△}$$

と解釈することもあるので，注意が必要です．

次に，

$$\frac{2}{5}+\frac{1}{3}, \quad \frac{2}{5}-\frac{1}{3}$$

のように，分母同士が異なる 2 つの分数の足し算，引き算を考えましょう．そのために準備として，通分を学びます．さらに通分の準備として，任意の自然数 n と任意の分数 $\frac{\square}{\triangle}$ に対し，

$$\frac{\square \times n}{\triangle \times n}=\frac{\square}{\triangle}$$

が成り立つことに注意しましょう．ちなみに，上式の左辺を右辺にする計算を**約分**といいます．

この性質に関しては，たとえば

$$n=3, \quad \frac{\square}{\triangle}=\frac{2}{5}$$

として，以下の図を用いて具体的に理解します．なお，（ア）は 1 を横に 5 等分したもので，（イ）は（ア）をたてに 3 等分したものです．

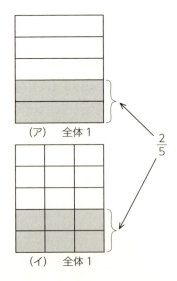

（イ）における小さい長方形は，1 を 15 等分した $\frac{1}{15}$ です．したがって，（ア）と（イ）を見比べることにより，

$$\frac{2}{5}=\frac{6}{15}=\frac{2\times 3}{5\times 3}$$

が分かります. もちろん, $\dfrac{6}{15}$ を $\dfrac{2}{5}$ にする計算は約分です.

通分とは, 分母が異なる分数どうしの足し算, 引き算などを行うために, 上で述べた性質を使って, それぞれを同じ分母の分数に直すことです.

$$\frac{2}{5}+\frac{1}{3}, \qquad \frac{2}{5}-\frac{1}{3}$$

の計算を, 分母を 15 にそろえる通分によって行いましょう.

$$\frac{2}{5}+\frac{1}{3}=\frac{2\times3}{5\times3}+\frac{1\times5}{3\times5}=\frac{6}{15}+\frac{5}{15}=\frac{11}{15}$$

$$\frac{2}{5}-\frac{1}{3}=\frac{2\times3}{5\times3}-\frac{1\times5}{3\times5}=\frac{6}{15}-\frac{5}{15}=\frac{1}{15}$$

上の例から分かるように, 自然数 a, b, c, d に対して, 一般に次の公式が成り立ちます. なお, 表記は足し算ですが, 引き算でも同様です.

$$\frac{b}{a}+\frac{d}{c}=\frac{b\times c+d\times a}{a\times c} \quad \cdots (\mathrm{I})$$

ここで, 注意すべき問題があります. それは,

$$\frac{2}{15}+\frac{1}{10}$$

という計算を考えるとき, 分母を $15\times10=150$ にそろえるよりも, 次式のように 15 と 10 の最小公倍数の 30 にそろえる方法もあることです.

$$\frac{2}{15}+\frac{1}{10}=\frac{2\times2+1\times3}{30}=\frac{7}{30}$$

もちろん, 最小公倍数の 30 ではなくて, 15 と 10 の公倍数の 60 に分母をそろえる方法もあります. 分母を最小公倍数にそろえるに越したことはありませんが, 分母をどの数にそろえるかはそれほど大きな問題ではありません.

はっきり注意したいことは, 通分という作業をすっかり忘れて (I) だけを丸暗記して分数の足し算, 引き算を計算することは危険である, ということです. その理由を述べましょう.

私も執筆者であった『分数ができない大学生』(東洋経済新報社) が話題になった頃,

$$\frac{1}{2}+\frac{1}{3}=\frac{2}{5} \quad \cdots (\bigstar)$$

と計算する大学生が注目された時期がありました. 実際, そのように分母ど

うしと分子どうしをそれぞれ足してしまう大学生は少なからずいます。ここで重要なことは，そのような大学生のほとんどは小学生の頃には正しく計算できたのです。ただし，公式（I）の丸暗記だけで済ます学習法だったのです。それゆえ，（I）を思い出せなくなると，通分をまったく理解していなかったために，（★）のような奇妙な計算をしても平然としていたのです。

だからこそ，子どもたちには通分の考え方をしっかり理解させなくてはならない，と主張します。

また通分は，分数どうしの大小の比較にも用いられます。たとえば $\frac{2}{5}$ と $\frac{1}{3}$ を比較するとき，それらを通分した $\frac{6}{15}$ と $\frac{5}{15}$ を比較すれば分かります。もっとも，分数どうしの大小比較ならば，次節で扱うように分数を小数に直して考える方法もあります。

次に，分数どうしの掛け算・割り算に移りましょう。しばらくの間，具体例の説明によって済ませてもよい部分を，やや一般的に述べています。それだけに分かりにくい部分もあるかと思いますので，そういうところは跳ばして読んでください。

準備として，いくつかの特殊な計算から学びましょう。まず，任意の自然数 n と任意の分数 $\frac{\square}{\triangle}$ に対し，

$$\frac{\square}{\triangle} \times n = \frac{\square \times n}{\triangle}$$

が成り立つことは分数の定義から簡単に分かります。また，積の交換法則を使って，

$$n \times \frac{\square}{\triangle} = \frac{\square}{\triangle} \times n = \frac{\square \times n}{\triangle}$$

も分かります。

一方，任意の自然数 n と任意の分数 $\frac{\square}{\triangle}$ に対し，

$$\frac{\square}{\triangle} \div n = \frac{\square}{\triangle \times n}$$

が成り立ちます。なぜならば，

$$\frac{\square}{\triangle \times n} \times n = \frac{\square \times n}{\triangle \times n} = \frac{\square}{\triangle}$$

は成り立ち，この式の左右両辺を n で割ると，
$$\frac{\Box}{\triangle \times n} \times n \div n = \frac{\Box}{\triangle} \div n$$
となります．したがって，
$$\frac{\Box}{\triangle \times n} = \frac{\Box}{\triangle} \div n$$
が導かれます．

　一応，上の性質については，$\frac{2}{5} \div 3$ を例にして，視覚的にも理解しておきましょう．

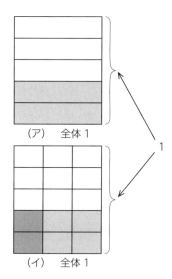

　上の図で，横に細長い長方形は $\frac{1}{5}$ を示しています．また下の図は，上の図をたてに 3 等分したものです．ここで左下の濃い色の部分は，薄い色の 3 分の 1 であり，また全体を 15 個に分けた 2 つになります．したがって，
$$\frac{2}{5} \div 3 = \frac{2}{5 \times 3}$$
が成り立ちます．

　掛け算に関しては，a, b, c, d を自然数とするとき，次の公式（II）が成り立ちます．

$$\frac{b}{a} \times \frac{d}{c} = \frac{b \times d}{a \times c} \quad \cdots (\mathrm{II})$$

なぜならば，

$$\bigcirc = \frac{b}{a} \times \frac{d}{c}$$

とおいて，この式の両辺に c を掛けると，

$$\bigcirc \times c = \left(\frac{b}{a} \times \frac{d}{c}\right) \times c = \frac{b}{a} \times \left(\frac{d}{c} \times c\right) = \frac{b}{a} \times \frac{d \times c}{c} = \frac{b}{a} \times d = \frac{b \times d}{a}$$

となります．したがって，上式の左右両辺を c で割ると，

$$\bigcirc \times c \div c = \frac{b \times d}{a} \div c = \frac{b \times d}{a \times c}$$

となって，

$$\bigcirc = \frac{b \times d}{a \times c}$$

が導かれたことになります．

　割り算に関しては，a, b, c, d を自然数とするとき，次の公式（III）が成り立ちます．

$$\frac{b}{a} \div \frac{d}{c} = \frac{b \times c}{a \times d} \quad \cdots (\mathrm{III})$$

なぜならば，

$$\bigcirc = \frac{b}{a} \div \frac{d}{c}$$

とおいて，この式の両辺に $\dfrac{d}{c}$ を掛けると，

$$\bigcirc \times \frac{d}{c} = \frac{b}{a} \div \frac{d}{c} \times \frac{d}{c} = \frac{b}{a}$$

となります．さらに，上式の左右両辺に $\dfrac{c}{d}$ を掛けると，

$$\left(\bigcirc \times \frac{d}{c}\right) \times \frac{c}{d} = \frac{b}{a} \times \frac{c}{d}$$

を得ます．そして，上式左辺に結合法則，上式右辺に公式（II）を用いると，

$$\bigcirc \times \left(\frac{d}{c} \times \frac{c}{d}\right) = \frac{b \times c}{a \times d}$$

$$\bigcirc = \frac{b \times c}{a \times d}$$

が導かれます.

ところで，公式 (II) と (III) に関しては，他にもいくつかの説明法があります．$\frac{2}{5} \div 3 = \frac{2}{5 \times 3}$ を示したような図による具体的な説明法もありますが，一般的に説明する他の方法は，やはり結合法則や交換法則を用いる代数的な雰囲気が強いものです．私自身は小学生の頃，そのような説明を先生から聞いて，なんとなく不思議で面白かったような記憶があります．しかし，多くの小学生に代数的な雰囲気がする説明を理解してもらおうと無理することは，勧められない気持ちをもちます．

結局，算数教科書にもあるような，図による具体的な説明法に落ち着くと思います．ここで大胆な意見を述べさせていただくと，具体的な説明法でも，ごく簡単なもので構わないと考えます．最低限，公式 (II) や (III) を思い出して確かめることができる程度の簡単な例を思いつけばよいでしょう．もちろん，極端な例として，

$$a = b = c = d = 1$$

の場合に公式 (II) や (III) を確かめたとしても意味がないことは明らかです．

そこで，公式 (II) や (III) を確かめるための私が考える簡単な例を紹介しましょう．そのために，以下の図を用います．

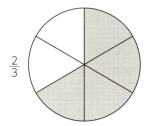
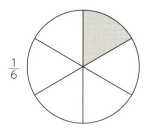

上の図は，円全体を 1 と考えています．まず左の図を思い出して，

$$\frac{2}{3} \times \frac{1}{2} = \frac{2}{6} \quad (0.5 \text{ を掛けると半分になるイメージ}),$$

それゆえ

$$\frac{2}{3} \times \frac{1}{2} = \frac{2 \times 1}{3 \times 2}$$

を納得するのです.

次に，前のページの左の図と右の図を見比べて，

$$\frac{2}{3} \div \frac{1}{6} = 4,$$

それゆえ

$$\frac{2}{3} \div \frac{1}{6} = \frac{2 \times 6}{3 \times 1}$$

を納得するのです.

分数の掛け算や割り算の計算方法を確かめるには，いま上で述べたようなことで構わないと思ったきっかけは，分数の計算をすっかり忘れてしまった大学生の存在です．せめて，このような方法で公式を確かめることができてほしい，と思ったことが何回かありました.

最後に，分数に関する楽しい例を挙げましょう.

例 家には太郎，次郎，三郎の 3 兄弟とおじいちゃんとおばあちゃんが住んでいます．おじいちゃんは，3 兄弟に「3 人でお菓子を分け合うときには，年の順に $\frac{2}{5}, \frac{1}{3}, \frac{1}{5}$ にしなさい」と言い残して釣りに行ってしまいました.

おやつの時間に，机の上にあめ玉が 14 個あることに気づき，太郎，次郎，三郎の 3 人でおじいちゃんの言うとおりに分けることになりました．ところが，

$$14 \times \frac{2}{5} = 5\frac{3}{5} \quad \cdots 太郎$$

$$14 \times \frac{1}{3} = 4\frac{2}{3} \quad \cdots 次郎$$

$$14 \times \frac{1}{5} = 2\frac{4}{5} \quad \cdots 三郎$$

なので，あめ玉を割らない限り 3 人では分けられません.

それを見ていたおばあちゃんが駆け寄ってきて，「おばあちゃんがあめ玉を 1 個あげるから，もう一度分けてごらんなさい．きっと上手く分けられますよ」と言って，あめ玉の合計を 15 個にしました.

すると，

$$15 \times \frac{2}{5} = 6 \quad \cdots 太郎$$

$$15 \times \frac{1}{3} = 5 \quad \cdots 次郎$$

$$15 \times \frac{1}{5} = 3 \quad \cdots 三郎$$

となって，太郎は 6 個，次郎は 5 個，三郎は 3 個のあめ玉を仲良く手にしたのです．ところが不思議にも，1 個のあめ玉が残ったので，3 人はそれをおばあちゃんに返しました．

微笑ましい小話の原因は，おじいちゃんが言い残した分け方に問題があったのです．それは，

$$\frac{2}{5} + \frac{1}{3} + \frac{1}{5} = \frac{6+5+3}{15} = \frac{14}{15}$$

となって，$\frac{2}{5}, \frac{1}{3}, \frac{1}{5}$ の合計が全体の 1 にならないからです．

2.15 小数と分数の関係

本章の 11 節と前節で，小数と分数それぞれの計算を別々に学びました．本節ではそれらの関係について学びましょう．

11 節では，余りのない小数の割り算と余りのある小数の割り算を学びました．まず，余りのない小数の割り算は，

$$\frac{1}{10} = 0.1, \qquad \frac{1}{100} = 0.01, \qquad \frac{1}{1000} = 0.001, \qquad \cdots$$

を参考にすれば，必ず分数に直すことができます．たとえば，

$$7.342 = 7 + 0.3 + 0.04 + 0.002$$
$$= 7 + \frac{3}{10} + \frac{4}{100} + \frac{2}{1000}$$
$$= 7\frac{342}{1000} = 7\frac{171}{500}$$

となります．

次に，$\frac{1}{3} = 1 \div 3$ および $\frac{1}{11} = 1 \div 11$ をたて書きの割り算によって小数に直してみると，

100 ● 第 2 章｜数と計算

$$\frac{1}{3} = 0.33333\cdots \qquad \frac{1}{11} = 0.0909090909\cdots$$

というように，小数点以下どこまでも 3 が繰り返し続いたり，09 が繰り返し続いたりする数になります．

　小数点以下の数が限りなく続く小数を**無限小数**といい，7.342 のように小数点以下の数が有限個で終わる小数を**有限小数**といいます．

　実は，有限小数にならない分数は，必ず繰り返しのある無限小数になります．ちなみに，繰り返しのある無限小数を**循環小数**といいます．また，その証明を取り上げませんが，次章で学ぶ円周率 π や中学数学で学ぶ $\sqrt{2}$ や高校数学で学ぶ自然対数の底 e などは，繰り返しのない無限小数で，このような数を**無理数**といいます．

　とりあえず，有限小数にならない分数（整数 / 整数）は必ず循環小数になることを，$\frac{1}{7}$ を例にして説明しましょう．$1 \div 7$ を下図のように筆算で計算していくと，

$$\frac{1}{7} = 0.142857\ 142857\ 142857\ 142857\ 142857\ \cdots$$

というように，「142857」が繰り返し続きます．

```
        0.1428571···
    7) 1.0
       7
    ─────────
        30      ←第 1 段
        28
    ─────────
        20      ←第 2 段
        14
    ─────────
        60      ←第 3 段
        56
    ─────────
        40      ←第 4 段
        35
    ─────────
        50      ←第 5 段
        49
    ─────────
        10      ←第 6 段
         7
    ─────────
         3      ←第 7 段
```

図において，第 1 段から第 7 段までの余りに注目してください．それらは順に，3, 2, 6, 4, 5, 1, 3 となっています．各段における 7 で割った余りは，0 以上 7 未満の整数になるので，0, 1, 2, 3, 4, 5, 6 のどれかです．したがって，割り切れないまま無限に小数が続くならば，各段の余りは必ず 1, 2, 3, 4, 5, 6 のどれかになり，それらのある数字は 2 回以上現れなくてはなりません．

図では，第 1 段と第 7 段の「3」がそれを表している最初の数字です．第 1 段と第 7 段で同じ余りが出たということは，どちらも同じ 7 で割るので第 2 段の余りと第 8 段の余りは同じになり，それゆえ第 3 段と第 9 段の余りは同じになり，…，と以下同様に続くことになります．そして，それが第 7 段と第 13 段の余りが同じところまでいけば，後は第 1 段から第 6 段を 1 つのセットとした繰り返しが続くことは明らかでしょう．

上の説明から，一般に自然数 m と n に対し $m \div n$ を考えると，割り算 $m \div n$ が割り切れないで無限に小数が続いたとしても，周期が $n-1$ 以下で繰り返すことが分かります．

反対に，循環小数は必ず分数に直せます．「例」でこれについて説明しましょう．その前に，

$$\frac{1}{3} = 0.33333\cdots = 0.\dot{3}$$

$$\frac{1}{7} = 0.142857142857142857\cdots = 0.\dot{1}4285\dot{7}$$

のように，循環小数については，繰り返す部分の上に点「・」を書く記法があることを紹介しておきます．

例

(1) $\triangle = 0.\dot{7} = 0.7777\cdots$ という無限小数については，

$$10 \times \triangle = 7.7777\cdots \quad \cdots \text{①}$$

$$\triangle = 0.7777\cdots \quad \cdots \text{②}$$

なので，① − ② を考えると以下の式が順に成り立ちます．

$$9 \times \triangle = 7$$

$$\triangle = 7 \div 9 = \frac{7}{9}$$

(2) $\triangle = 0.\dot{1}\dot{9} = 0.19191919\cdots$ という無限小数については,

$$100 \times \triangle = 19.19191919\cdots \quad \cdots ③$$

$$\triangle = 0.19191919\cdots \quad \cdots ④$$

なので, ③ $-$ ④ を考えると以下の式が順に成り立ちます.

$$99 \times \triangle = 19$$

$$\triangle = 19 \div 99 = \frac{19}{99}$$

(3) $\triangle = 4.\dot{1}2\dot{3} = 4.123123123123\cdots$ という無限小数については,

$$1000 \times \triangle = 4123.123123123123\cdots \quad \cdots ⑤$$

$$\triangle = 4.123123123123\cdots \quad \cdots ⑥$$

なので, ⑤ $-$ ⑥ を考えると以下の式が順に成り立ちます.

$$999 \times \triangle = 4119$$

$$\triangle = 4119 \div 999 = \frac{1373}{333} = 4\frac{41}{333}$$

次に, 有限小数になる分数はどのようなものなのかを考えてみましょう. 結論を述べる前に, 一つ言葉の約束をします. 分数

$$\triangle = \frac{\bigcirc}{\square}$$

が**既約分数**であるとは, $\triangle$ はこれ以上約分ができないとき, すなわち $\square$ と $\bigcirc$ の最大公約数が 1 のときにいいます.

性 質

有限小数になる既約分数 $\triangle = \dfrac{\bigcirc}{\square}$ は, $\square$ の素因数に 2 と 5 以外はない場合に限る. この性質を説明すると, $\triangle = \dfrac{\bigcirc}{\square}$ が有限小数になるならば,

$$\frac{\bigcirc}{\square} = \frac{☆}{1000\cdots00}$$

という形に表されます. ここで上式右辺の分母は, 1 の後ろに 0 が何個か続い

負の数に対応する点を含む数直線の感覚は小学生の頃から身につけておいても良いと考えます．

日本は北から南まで長く，北海道では気温を通して知らず知らずのうちに負の数の感覚を理解している小学生も結構います．冬には，沖縄が 20° ぐらいで，東京が 3° ぐらいで，札幌が −10° ぐらいの日はよくあることです．

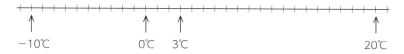

図で示しているように，20°（プラス 20 度）から 17° 下がると 3°，3° から 13° 下がると −10°（マイナス 10 度）です．なお，3° は +3° のことであるように，プラス記号 + は省略することがよくあります．

東西に走る道路のある地点 A を基準の 0 km として，A から東の方向へ進んだ距離を +（プラス）で考えると，A から西の方向へ進んだ距離には −（マイナス）が付くことになります．

図で，B は −12 km の地点で，C は +10 km の地点です．

上の 2 つの図を一般化させて，下の図のような一般的な数直線を考えます．

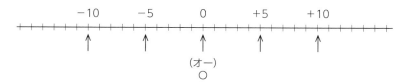

数直線上では基準となる**原点** O を定め，それに数 0 を対応させます．点 O から左右に等しい間隔で目盛りを付けて，O から右に向かって順に +1, +2, +3, ··· という符号 + の付いた数を対応させ，O から左に向かって順に −1, −2, −3, ··· という符号 − の付いた数を対応させます．もちろん，+1, +2, +3, ··· は，それぞれ 1, 2, 3, ··· のことです．1, 2, 3, ··· は正の整数（自然数）で，−1, −2, −3, ···

は負の整数で，それらに 0 を加えて整数全体となります．もっとも「整数」という言葉の扱いには，0 以上の正の数しか扱わない算数の立場を考慮する必要があるでしょう．

分数や小数も整数と同様に，負の小数や負の分数を定めます．そして，数直線上で原点より右側の点に対応する数はすべて正の数であり，左側の点に対応する数はすべて**負の数**になります．正の数に付く + は省略できますが，負の数に付く − は省略してはいけません．また数直線上で，右の方向を正の方向といい，左の方向を負の方向といいます．

上で述べたあたりまでは，小学生の高学年の生徒に話しても良いのではないか，と考えます．それは読者の皆様も経験があるかと思いますが，ちょっと関心をもった子どもたちからじかに，「3 から 5 を引いたらどうなるの？」とか「0° よりもっと寒くなったときの温度は？」などの素朴な質問を受けたことはないでしょうか．

もっとも，「負の数 × 負の数はなんで正の数になるのか」という大人でも悩む問題を含むような，四則計算まで数の範囲を拡張することは，普通はやめた方がよいでしょう．

歴史で過去から未来を予想するとき，地理で起点とする位置から北と南へ向かう路線図を語るとき，冬の暖かい沖縄と寒い北海道の旅行を準備するとき，自然と身につく方法で負の数の世界を子どもたちに紹介することは，マイナスでなくプラスだと考えます．

2.17 文字を使った式と計算

かつて私は，「数式にある文字の代わりに，なんで算数では △,□,○,☆ などの記号を使わないとダメなのだろうか」という疑問をずっと抱いていました．さらに，「英語教育が重視されていることを踏まえると，小学生の頃から数式にある文字としては，a, b, c, d, x, y, z などを使ってもよいのではないか」などと発言したこともありました．

現実は，算数ではそのような学習指導要領に変わってきています．さらに，

2.17 ｜ 文字を使った式と計算 • 107

何人かの算数教育の専門家の方々とお話しするときは，この文字の話題はよく取り上げられます．しかし冷静に考えると，文字の問題が大きな話題になるほどのことかと疑問にも思います．

要するに，「算数で a, b, c, d, x, y, z を用いることは認めない」と言われると窮屈に感じ，「算数で a, b, c, d, x, y, z を用いることが認められたのは画期的である」といわれると恥ずかしい気持ちになるのです．具体的な問題例から少し考えてみましょう．

例 （文字の利用）

(1)「x の 4 倍と y の 3 倍を足した合計が z になる」を式で表しなさい．

$$答え \qquad x \times 4 + y \times 3 = z$$

(2) $56 \div (x - 6) = 7$ の x を求めなさい．

$$答え \qquad x - 6 = 56 \div 7$$
$$x - 6 = 8$$
$$x = 8 + 6$$
$$x = 14$$

(3) A 君の年齢は 11 歳です．A 君の年齢にお母さんの年齢を足して，その結果を 3 倍すると 120 歳になるそうです．x を使った式を立てて，お母さんの年齢を求めなさい．

答え　お母さんの年齢を x 歳とすると，次の式が成り立ちます．

$$(11 + x) \times 3 = 120$$
$$11 + x = 120 \div 3$$
$$11 + x = 40$$
$$x = 40 - 11$$
$$x = 29 （歳）$$

現行の算数では，ここで紹介した例のように x などを用いた文字式の学習を 6 年生で行っています．しかし，x, y, z をそれぞれ △, □, ○ に代えて答えを出し

ても，数学としてはまったく同じことなのです．ただ，それだけのことなので，大騒ぎする理由はないはずです．

　もっとも，（1）の式を

$$4x + 3y = z$$

と書いたり，x と y と z を掛け合わせたものを

$$xyz$$

と書いたりする指導を "算数" で行うようになれば，それは大騒ぎをする意味があると考えます．

　参考までに私は桜美林大学で，就活に役立つ算数的な授業，教職の数学の授業，あるいは（群論の知識を仮定した）離散数学の授業など，さまざまな授業を担当していますが，算数の雰囲気を出す授業では △,□,○ なども気軽に用いています．もちろんそれらを用いるときは，

$$4\triangle + 3\square, \qquad \triangle\square\bigcirc$$

というような板書をすることは決してありません．そのときは，

$$4 \times \triangle + 3 \times \square, \qquad \triangle \times \square \times \bigcirc$$

というように書いています．

　結論として，算数での文字の利用に関しては，あまり杓子定規にならずに柔軟に対応してあげるとよいと考えます．小学生にとっては見知らぬギリシア文字 α, β, γ を用いるならば，ア，イ，ウを用いた方がむしろよいでしょう．

　最後に，どうしても指摘しておきたいことがあります．それは，文章問題を解くとき「中学校で習う文字を使った方程式を用いると簡単に解けるけど，算数で解くには難しい」という大人の方々が多くいます．この発言はあまりにも方程式をもち上げ過ぎていると考えます．算数で解くことが難しければ，数学で解くことも難しいからです．

　実際，有名私立中学校の入試算数問題には，うっかり文字を使って解こうとすると変数の個数が多くなり過ぎて，逆に困ってしまう問題がたまに出題されています．

2.18 樹形図と鳩の巣原理

さまざまなものの個数を数えるとき，基本はイチ，ニ，サン，シ，…と一つずつ指折り数えていくことです．それが「順列」や「組合せ」という特殊な対象になると，高校で学ぶ公式を用いて便利に数えることもできます．ところが，それだけに注目していると，基本を見失うことになりかねません．順列と組合せの考え方については5章で詳しく述べますが，本節の前半では素朴な**樹形図**を用いて，ものの個数を数える基本を学びましょう．まず，2つの例を挙げます．

例 1 図のような路線図があるとき，出発地 A から到着地 F に至るルートは何本あるか，樹形図を用いて求めてみましょう．ただし，同じ地点は2度通らないものとします．

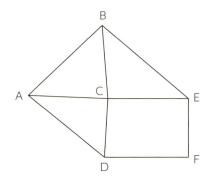

以下のように，A を出発点とした樹形図を描いていきます．最初に A から行くことができる地点は B, C, D なので，B と C と D を書いて，A からそれぞれに線を引きます．

次に，B から行くことができる E と C を書いて，C から行くことができる B と E と D を書いて，D から行くことができる C と F を書いて，それぞれに線を引きます．なお，A から B 経由 C までの路線と，A から直接 C までの路線と，A から D 経由 C までの路線は異なるので，C は別々に書くことが必要です．

このような作業を続けていき，どの路線でも最後が F になるところで作業は

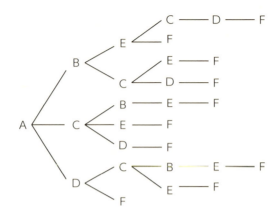

終ります．すると，求めるルートは 10 本になることが分かります．

　樹形図を用いないで，もし鉛筆 1 本で図の上に線を引いて数えていくと，最後に確かめることが簡単ではありません．線がごちゃごちゃ描いてあるので，どのルートがすでに数えたかどうかが分からなくなっている場合が，よくあるからです．

例 2　0, 1, 2, 3 のみをそれぞれ 0 個以上用いた 3 桁の数字は全部でいくつあるか，数字の重複を許す場合（1）と許さない場合（2）について，それぞれ求めてみましょう．

（1）百の位は 1, 2, 3 のどれかであり，たとえば百の位が 1 のときは図の 16 通りがあり，百の位が 2 あるいは 3 のときも同じです．

　図において，十の位は 0, 1, 2, 3 のどれかで，それら

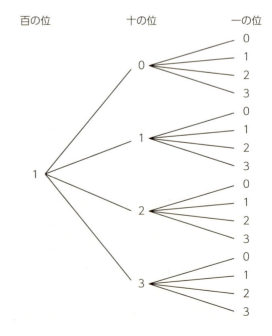

の各々について一の位も 0, 1, 2, 3 のどれかです．そこで百の位が 1 のときは，3 桁の数字は

$$4 \times 4 = 16\,(個)$$

あることが分かります．以上から，求める数は，

$$16 \times 3 = 48\,(個)$$

となります．

(2) 百の位は 1, 2, 3 のどれかであり，たとえば百の位が 1 のときは図の 6 通りがあり，百の位が 2 あるいは 3 のときも同じです．

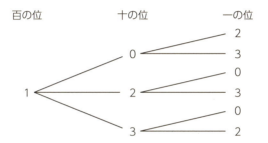

図において，十の位は 3 通りで，それらの各々について一の位は 2 通りです．そこで百の位が 1 のときは，3 桁の数字は

$$3 \times 2 = 6\,(個)$$

あることが分かります．以上から，求める数は，

$$6 \times 3 = 18\,(個)$$

となります．

例 1 と例 2 を見ても分かるように，樹形図は漏れなく一つずつ数えるときに役立ちます．このような素朴な方法を，いろいろな題材を通して経験しておくとよいでしょう（5 章も参照）．

次に，鳩の巣原理を学びましょう．これは，「鳩の数が 4 羽で巣の数が 3 個のとき，鳩が全部巣に帰れば，ある巣には 2 羽以上入る」という当たり前のこと

を一般化させた性質です．しかし，これが数学の重要な定理の鍵になったこともあるのです．一方，小学校 3 年生ぐらいの生徒に出前授業に行ったとき，気をつけて使う必要を痛感したこともあります．

それは，私が「この学校の全校生徒数は 400 人ぐらいですね．1 年はうるう年でも 366 日です．したがって，学校のある生徒とある生徒は誕生日が同じですね」と話して，「鳩の巣原理」の導入を話しました．ところが，ある生徒から「だったらボクと誰が誕生日は同じですか」と質問されたのです．私は「ボクと誰かが誕生日は同じということでなくて，誰かと誰かが誕生日は同じということです」と答えたことが忘れられません．以下，2 つの応用例を紹介して本節の終りとします．

例

(1) 性別と血液型（A, B, AB, O）を考えると全部で何通りの型があるでしょうか．樹形図を描いてみると，

$$2 \times 4 = 8 \text{（通り）}$$

の型があることが分かります．

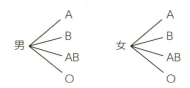

そこで「鳩の巣原理」より，もしここに 9 人いるならば，そのうちのある 2 人は性別と血液型が一致することが分かります．

(2) 現在生きているある 2 人の日本人は，誕生日の月と日，生まれた時刻の時と分，血液型，住所地の都道府県名のすべてが一致します．実際，樹形図を想定して考えると，それらに関するすべての場合の数は

$$366 \underset{\text{（月と日）}}{} \times 24 \underset{\text{（時）}}{} \times 60 \underset{\text{（分）}}{} \times 4 \underset{\text{（血液型）}}{} \times 47 \underset{\text{（都道府県名）}}{} = 99083520$$

であることが分かります．この数は現在の日本の人口約 1 億 2 千 7 百万人より小さいので，「鳩の巣原理」より結論が導かれます．

2.19 昔からある文章問題の解法（その1）

昔から，算数文章問題には名前のついたものがあります．本節ではそのうち，本章の題材としてふさわしい「和差算」，「過不足算」，「鶴亀算」，「年齢算」，「還元算」，「消去算」について順に紹介しましょう．

それらの中には，いずれ方程式を用いて文章題を解くときの導入になるものもあります．

例 （和差算）

大小2つの数の和と差が分かっているとき，それぞれの数を求めるものです．

・学校の生徒数は男女合わせて726人です．そして，男子は女子より24人多いです．学校の男子の生徒は何人ですか．

答え

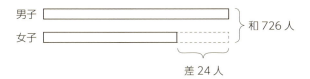

上図より，

$$\text{男子の人数} \times 2 = \text{和の}726\text{人} + \text{差の}24\text{人}$$

となります．そこで，

$$\text{男子の人数} \times 2 = 750$$
$$\text{男子の人数} = 750 \div 2 = 375 \,(\text{人})$$

が分かります．

例 （過不足算）

何個かの品物を，何人かで分けるときの余りや不足から，品物の個数や人数などを求めるものです．

・ミカンを何人かの子どもたちで分けるとき，一人5個ずつにすると10個余り，一人7個ずつにすると6個不足しました．子どもたちの人数とミカンの

個数を求めなさい．

答え

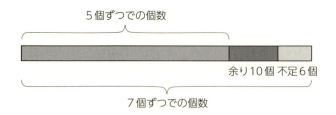

上図より，5個ずつ配ったときの個数と7個ずつ配ったときの個数の差は，余り10個と不足6個の合計になります．したがって，

$$子どもたちの人数 \times 2 = 10 + 6$$

という式が成り立ちます．よって，

$$子どもたちの人数 = 16 \div 2 = 8（人）$$

が導かれます．そこで，

$$ミカンの個数 = 5 \times 8 + 10 = 50（個）$$

となります．

例 （鶴亀算）

昔からとくに有名な文章題で，鶴と亀の合計数と，両方の足の合計本数が与えられているとき，鶴と亀の数を求めるものです．鶴と亀の足の本数はそれぞれ2本と4本であることが隠れたヒントになります．

・鶴と亀が合わせて50匹います．また，両方の足の合計本数は144本です．鶴と亀はそれぞれ何匹いるでしょうか．

答え　全部が鶴として考えると，

$$足の全本数 = 2 \times 50 = 100（本）$$

となります．そこで，144本と100本の差である44本は，亀の数に2を掛けた数になります．したがって，

$$亀の数 \times 2 = 44$$

$$亀の数 = 44 \div 2 = 22 \,(匹)$$

が分かります。また，

$$鶴の数 = 50 - 22 = 28 \,(羽)$$

も分かります。

例 （年齢算）

二人の年齢の関係から，それぞれの現在の年齢を求めたりするものです。

・母の年齢は子の年齢よりも 25 歳多く，5 年後には二人の年齢の合計が 55 歳になるそうです。現在の二人の年齢は，それぞれ何歳でしょうか。

答え

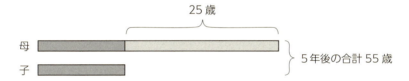

上図より，5 年後の子の年齢の 2 倍は，55 歳から 25 歳を引いたものと同じになります。そこで，

$$5 年後の子の年齢 \times 2 = 55 - 25$$
$$5 年後の子の年齢 = 30 \div 2 = 15 \,(歳)$$

が分かります。したがって，現在の子の年齢は 10 歳で，母の年齢は 10 歳に 25 歳を足して，35 歳になります。

例 （還元算）

これは，求める $\triangle$ や x を用いた簡単な式に対して，「移項」の考え方で □ や x を求めるものです。

(1) ある数に 3 を掛けて 4 で割ると，15 になりました。ある数はいくつですか。

答え ある数を $\triangle$ とすると，

$$\triangle \times 3 \div 4 = 15$$

という式が成り立ちます. そこで,

$$\triangle \times 3 = 15 \times 4$$
$$\triangle = 60 \div 3 = 20$$

となります.

(2) 345 からある数を引いたものを 7 で割ると 45 になります. ある数はいくつですか.

答え ある数を $\triangle$ とすると,

$$(345 - \triangle) \div 7 = 45$$

という式が成り立ちます. そこで,

$$345 - \triangle = 45 \times 7$$
$$\triangle = 345 - 315 = 30$$

となります.

例 （消去算）

中学数学で 2 変数の連立 1 次方程式を解くとき, 「代入法」と「加減法」はよく知られています. それらを算数では, 消去算といいます.

(1) ノート 1 冊と消しゴム 1 個を買うと 200 円で, ノート 1 冊の値段は消しゴム 2 個の代金より 40 円安いそうです. ノート 1 冊の値段はいくらですか.

答え ノート 1 冊の値段を $\triangle$ 円, 消しゴム 1 個の値段を $\square$ 円とすると, 次の 2 つの式が成り立ちます.

$$\triangle + \square = 200 \quad \cdots ①$$
$$\triangle = \square \times 2 - 40 \quad \cdots ②$$

ここで, ②の $\triangle$ の式の右辺を①の式の $\triangle$ に置き替えると,

$$\square \times 2 - 40 + \square = 200$$

となります. そこで,

$$\square \times 3 - 40 = 200$$
$$\square \times 3 = 200 + 40$$

$$\square \times 3 = 240$$
$$\square = 240 \div 3 = 80 \,(円)$$

が分かります．それゆえ，①の式から

$$\triangle = 200 - 80 = 120 \,(円)$$

となり，ノート 1 冊の値段は 120 円です．

（2）グレープフルーツとミカンを 1 個ずつ買うと 180 円です．また，グレープフルーツ 2 個とミカン 3 個を買うと 440 円です．それぞれ 1 個の値段はいくらですか．

答え グレープフルーツ 1 個の値段を △ 円，ミカン 1 個の値段を □ 円とすると，次の 2 つの式が成り立ちます．

$$\triangle + \square = 180 \quad \cdots ①$$
$$\triangle \times 2 + \square \times 3 = 440 \quad \cdots ②$$

①の式の両辺を 2 倍すると，

$$\triangle \times 2 + \square \times 2 = 360 \quad \cdots ③$$

ここで，②から③の辺々を引くと，

$$(\triangle \times 2 + \square \times 3) - (\triangle \times 2 + \square \times 2) = 440 - 360$$
$$\square = 80 \,(円)$$

が分かります．そこで，①より

$$\triangle = 180 - 80 = 100 \,(円)$$

も分かります．以上から，グレープフルーツは 1 個 100 円，ミカンは 1 個 80 円となります．

2.20　2 進法などの n 進法

3597 という整数を見ると，一の位が 7，十の位が 9，百の位が 5，千の位が 3 になっています．一の位も，十の位も，百の位も，千の位も，どの位も 10 個の

数字 0, 1, 2, 3, 4, 5, 6, 7, 8, 9 のどれかになっています．だからこそ，私たちが
いままで学んできた数は「10 進法」というのです．

この 10 進法の由来は人間の指が 10 本ということですが，計算機では電気の
ON，OFF の 2 つに対応する 2 個の数字 1 と 0 を用いる **2 進法**というものが使
われています．2 進法の各位は 0 と 1 だけなので，10 進法で 0, 1, 2, 3, 4, 5, 6,
7, 8, 9, 10, 11, ··· になる 2 進法の数は，順に

$$0, 1, 10, 11, 100, 101, 110, 111, 1000, 1001, 1010, 1011, \cdots$$

となります．

ここで，

$$10 \text{ 進法の } 1 = 2 \text{ 進法の } 1$$
$$10 \text{ 進法の } 2 = 2 \text{ 進法の } 10$$
$$10 \text{ 進法の } 4 = 2 \text{ 進法の } 100$$
$$10 \text{ 進法の } 8 = 2 \text{ 進法の } 1000$$
$$10 \text{ 進法の } 16 = 2 \text{ 進法の } 10000$$
$$\vdots$$

となっていることに留意しましょう．

次に，3 進法の世界はどのようになっているのでしょうか．10 進法で 0, 1, 2,
3, 4, 5, 6, 7, 8, 9, 10, 11, 12, ··· になる 3 進法の数は，順に

$$0, 1, 2, 10, 11, 12, 20, 21, 22, 100, 101, 102, 110, \cdots$$

となります．

ここで，

$$10 \text{ 進法の } 1 = 3 \text{ 進法の } 1$$
$$10 \text{ 進法の } 3 = 3 \text{ 進法の } 10$$
$$10 \text{ 進法の } 9 = 3 \text{ 進法の } 100$$
$$10 \text{ 進法の } 27 = 3 \text{ 進法の } 1000$$
$$\vdots$$

となっていることに留意しましょう.

10 進法, 2 進法, 3 進法ばかりでなく, 一般に 2 以上の自然数 n に対して, **n 進法**というものが考えられます. これらを総称して**位取り記数法**といいます.

次に, いくつかの計算例を見ましょう.

$$10 \text{ 進法の } 21 = 10 \text{ 進法の } 16 + 10 \text{ 進法の } 4 + 10 \text{ 進法の } 1$$
$$= 2 \text{ 進法の } 10000 + 2 \text{ 進法の } 100 + 2 \text{ 進法の } 1$$
$$= 2 \text{ 進法の } 10101$$
$$10 \text{ 進法の } 21 = 10 \text{ 進法の } 9 + 10 \text{ 進法の } 9 + 10 \text{ 進法の } 3$$
$$= 3 \text{ 進法の } 100 + 3 \text{ 進法の } 100 + 3 \text{ 進法の } 10$$
$$= 3 \text{ 進法の } 210$$
$$2 \text{ 進法の } 11010 = 2 \text{ 進法の } 10000 + 2 \text{ 進法の } 1000 + 2 \text{ 進法の } 10$$
$$= 10 \text{ 進法の } 16 + 10 \text{ 進法の } 8 + 10 \text{ 進法の } 2$$
$$= 10 \text{ 進法の } 26$$
$$3 \text{ 進法の } 120 = 3 \text{ 進法の } 100 + 3 \text{ 進法の } 10 + 3 \text{ 進法の } 10$$
$$= 10 \text{ 進法の } 9 + 10 \text{ 進法の } 3 + 10 \text{ 進法の } 3$$
$$= 10 \text{ 進法の } 15$$

などが成り立ちます.

ところで, 10 進法の数字 △ を他の n 進法に直す計算法として, 下図のように, 商が n 未満になるまで △ を n で割っていく求め方があります. (ア) は 10 進法の 20 を 2 進法の 10100 に変換する方法で, (イ) は 10 進法の 21 を 3 進法の 210 に変換する方法です.

$$
\begin{array}{rl}
2 & \underline{20} \cdots 0 \\
2 & \underline{10} \cdots 0 \\
2 & \underline{5} \cdots 1 \\
2 & \underline{2} \cdots 0 \\
  & 1
\end{array}
\qquad
\begin{array}{rl}
3 & \underline{21} \cdots 0 \\
3 & \underline{7} \cdots 1 \\
  & 2
\end{array}
$$

$$\text{(ア)} \qquad\qquad\qquad \text{(イ)}$$

図の矢印のように, 最後の商から余りを上に見ていくことにより,

$$10 \text{ 進法の } 20 = 2 \text{ 進法の } 10100$$
$$10 \text{ 進法の } 21 = 3 \text{ 進法の } 210$$

が求められます.

　この方法を正しく覚えておくと，実際の問題の答はすばやく求められます.
しかしながら，n 進法の意味の説明もなく，まるで上図の計算法が n 進法の定
義であるかのように書いてある書物もあり，残念でなりません. そのような背
景から私は，誤解を与えやすい上図で示した方法は，あまりお勧めする気持ち
にはなれません.

第3章

図形

3.1 基礎的な言葉の定義

真っ直ぐな線を**直線**ということから図形が始まります．小学校の段階では，両端のある**線分**や，片方だけに端のある**半直線**は扱いません．算数教科書では，それらを総称して「直線」という言葉を用いますが，本書では誤解を避けるために線分や半直線を使う場面があることをお許しください．

三角形，**四角形**，**五角形**，**六角形**，… は，それぞれ3本，4本，5本，6本，… の直線で囲まれた（平面上の）図形です．

例

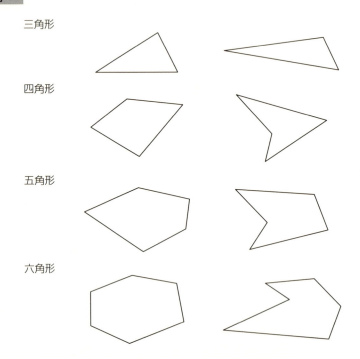

三角形，四角形，五角形，六角形，… をまとめて**多角形**ともいいます．また，多角形を構成する直線の部分を**辺**といい，辺と辺が交わる角の点を**頂点**といいます．n 角形（$n \geq 3$）は，n 本の辺と n 個の頂点から構成されています．

多角形がとくに**凸多角形**であるとは，多角形にあるどの2つの点 A, B をとっても，それらを結ぶ線分（A と B を通る直線のうち A から B までの部分）

がその多角形に含まれる場合にいいます．また，凸多角形でない多角形を**凹多角形**といいます．

上の例においては，四角形，五角形，六角形の右側のものが凹多角形で，他のものは凸多角形になります．

次に直角という言葉を，図を用いて説明しましょう．1 枚の紙を用意して，2 つに折ります（図の①）．ただし，折り目はどこでも構いません．そして，折り目をそろえてもう一度折ります（図の②）．そのとき，折り目と折り目の間にできた形の一つを**直角**といいます（図の③）．

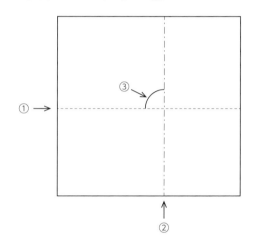

日常生活の場所でも，直角は多く見受けられます．紙の角，窓枠の角，定規の角，…．それらをたくさん観察して，直角を認識しておくことがよいでしょう．なお，直角は下図のような記号で表すことが普通です．

次に平面上で，一本の直線 n に直角で交わる 2 つの直線 ℓ と直線 m は互いに**平行**であるといいます．平行な 2 つの直線は交わることがありません．平行

も日常生活の多くの場所で見られるので，いろいろ観察するとよいでしょう．なお直線 ℓ や直線 m のように，直線 n に直角で交わる直線を，直線 n の**垂線**といいます．

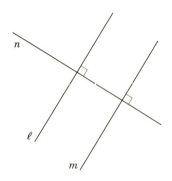

次は，長さについて物差しを用いて導入しましょう．

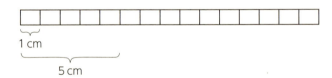

図のように，$1\,\mathrm{cm}$（センチメートル）を基準として，$1\,\mathrm{cm}$ が何個分あるかで長さを導入することが適当でしょう．そして，葉書などいろいろなものを実際に測ってみるとよいでしょう．

右の葉書のように，実際に葉書のサイズを測ってみると，横は $10\,\mathrm{cm}$ ぴったりですが，たては $15\,\mathrm{cm}$ にちょっと足りない感じがします．そこで，$1\,\mathrm{cm}$ を $\frac{1}{10}$ にした **$1\,\mathrm{mm}$**（ミリメートル）を導入します．そして，ミリメートルの単位まで測れる物差しを使って葉書のたてを測ると，それは

$14\,\mathrm{cm}$ と $8\,\mathrm{mm} = 14\,\mathrm{cm}\,8\,\mathrm{mm} = 14.8\,\mathrm{cm}$
$= 148\,\mathrm{mm}$

であることが分かります．

次に，

$$1\,\mathbf{m}\,（メートル）= 100\,\mathrm{cm},\qquad 1\,\mathbf{km}\,（キロメートル）= 1000\,\mathrm{m}$$

というように 1 m と 1km を導入します．そして，1 mm は 0.001 m であることを確認したあとに，ミリ（m）は $\frac{1}{1000}$ 倍のことであり，キロ（k）は 1000 倍のことであることを導入しておくとよいでしょう．これは，次章で扱う重さ（グラム，g）や体積（リットル，ℓ）でも使われることです．

長さの導入として忘れてならないことは，ひもなどの曲線の長さです．

上図のひもの長さを考えるとき，ひもはピーンと真っすぐに伸ばすことによって，物差しを用いて測ることができます．そのようにしてひもを測ると，長さは 1 つに決まることが重要です．要するに，ひもがぐにゃぐにゃした曲がった状態のままで物差しを当てても，測定値は定かではありません．しかし，ピーンと真っすぐに伸ばした状態で測ると，誰が測っても同じ長さになるのです．

それと同じ発想で長さを測るものとして，「巻尺」があります．巻尺を利用していろいろな長さを測ってみることもよいでしょう．しかし，物差しや巻尺がないときは困ります．そのようなときのために，事前に手のひらや身体の一部の長さを知っておくと，およその長さを測るときに大変便利です．

とくに，左右の手を両端いっぱいに広げると，一方の手の指先から他方の手の指先までの長さは，わりと身長に近い値になります．

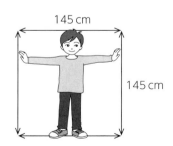

3.2 三角形と四角形

2つの辺の長さが等しい三角形を**二等辺三角形**といい，3つの辺の長さが等しい三角形を**正三角形**といいます．ここで，二等辺三角形は少なくとも2つの辺の長さが等しければよいという意味なので，正三角形は二等辺三角形であることに注意しましょう．

また，1つの角が直角である三角形を**直角三角形**といい，その直角をはさむ2つの辺の長さが等しい三角形をとくに**直角二等辺三角形**といいます．

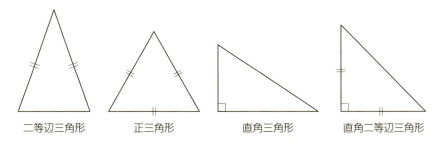

二等辺三角形　　正三角形　　直角三角形　　直角二等辺三角形

正方形は，4つの角が直角で，4つの辺の長さが等しい四角形です．4つの角が直角である四角形を**長方形**，4つの辺の長さが等しい四角形を**ひし形**といいます．そこで，正方形は長方形でもあり，またひし形でもあります．とくに長方形を長四角（ながしかく）ともいう人がいるので，注意が必要です．

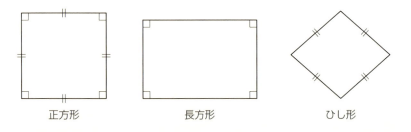

正方形　　　　　長方形　　　　　ひし形

平行四辺形は，向かい合った2組の辺が平行な四角形です．それゆえ本章1節で述べた平行の定義より，長方形は平行四辺形です．また，算数の教科書にも事実として書いてあるように，ひし形も平行四辺形です．しかし教科書では，その理由までは述べていません．そこで本章の3節で，その説明をします．

平行四辺形の条件を少し弱めて，向かい合った1組の辺が平行な四角形を台

形といいます．ここで，台形は少なくとも 1 組の辺が平行ならばよいという意味なので，平行四辺形は台形であることに注意しましょう．

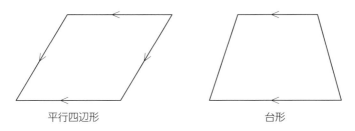

上記の三角形や四角形の関係を，以下のように集合の**ベン図**で表しておくと視覚的にも理解できます．

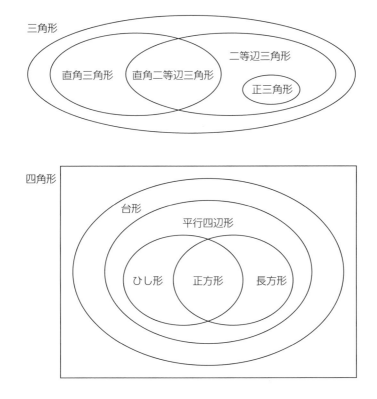

本節の後半では，応用例の話題を紹介しましょう．

例 （三角定規）

市販の三角定規は 2 枚のセットになっています．一つは直角二等辺三角形です．同じ大きさの直角二等辺三角形の定規を 2 枚用意して，それらを合わせると下図のように正方形になります．

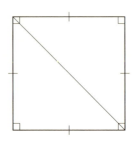

三角定規のもう一つは，次の形をした直角三角形で，それと同じ大きさの直角三角形を 2 枚用意して，それらを合わせると下図のように正三角形になります．

このような，三角定規を使って，子どもたちが "不思議" な体験をすることが，後々に生きてくるのです．

例 （敷き詰めパズル）

（1）最近は洋室だけの家も多くなりましたが，多くの家には和室の部屋もあるでしょう．畳は長方形の形をしていて，一方の辺は他方の辺の 2 倍の長さになっています．図 1 の（ア）は一般的な 8 畳の敷き方ですが，（イ）も（ウ）も 8 畳の敷き方です．

ある人は 8 畳の部屋の角に，大きな花瓶を 2 つ置くため 2 か所の半畳のスペースをとって，そこを板の間に変更することを考えました．

図 2 の（ア）のように変更すると，7 枚の畳を敷くことができますが，（イ）のように変更すると 7 枚の畳を敷くことができません．なぜ，できないのでしょうか．

その説明は，同じ大きさの黒色と白色の正方形をいくつか用意すると，以下のようにできます．

それぞれの正方形を半畳（畳の半分）の大きさと思ってください．そして，図 2 の（イ）に黒の正方形と白の正方形を，図 3 のように置きます．

さて，図 3 に 7 枚の畳をピッタリ敷くことができるとしましょう．そのとき，次の畳（図 4）が 7 枚敷けることになります．

すると，図 3 には黒の正方形が 7 個，白の正方形が 7 個入ることになります．と

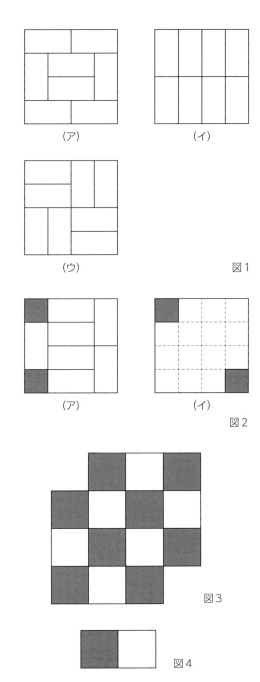

ころが，図 3 を見ると，黒の正方形は 8 個，白の正方形は 6 個あります．これは矛盾です．したがって，図 3 に 7 枚の畳をピッタリ敷くことはできないのです．

(2) 一辺が 1 cm の正方形 4 個分から作った図 1 に示した図形があります．

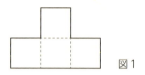

図 1

図 1 の図形を 8 個使うと，図 2 のように一辺が 1 cm の正方形 32 個ぶんからなる長方形を作ることができます．しかし，図 1 の図形を 15 個使って，一辺が 1 cm の正方形 60 個ぶんの長方形を作ろうとすると，うまくできません．なぜ，できないのでしょうか．

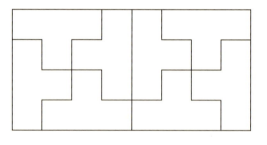

図 2

その説明は，以下のようにできます．まず，一辺が 1 cm の正方形 60 個ぶんの長方形ができたと考えて，一辺が 1 cm の正方形 60 個に分けて，図 3 のように交互に黒と白を塗ります．すると，白と黒の正方形が 30 個ずつあります．

なぜならば，長方形のたてか横には小さい正方形が偶数個並びます．それは，長方形のたても横も小さい正方形が奇数個並ぶと，奇数 × 奇数 = 奇数 のため，全体が偶数個の 60 個にはならないからです．いま，長方形の横（たて）に小さい正方形が偶数個並ぶならば，どの横（たて）の並びも黒と白の小さい正方形は同じ個数だけあります．したがって全体でも，黒と白の小さい正方形は同じ個数だけあるのです．

いま，一辺が 1 cm の正方形 4 個分から作った図 1 に示した図形 15 個によっ

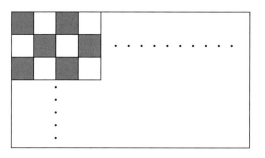

図3

て，図3の長方形がぴったり敷き詰められるならば，図4の（ア）と（イ）に示した図形を合わせて15個によっても，白と黒を一致させるように敷き詰められるはずです．

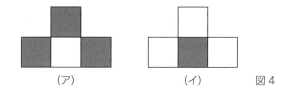

図4

ところが，（ア）と（イ）を同じ個数ずつ用いないと，図3のように白と黒の小さい正方形が30個ずつにはなりません．しかしながら，

$$15 \div 2 = 7.5\,(個)$$

となって，それは無理なことなのです．それゆえ，図1の図形15個によって，図3の長方形をぴったり敷き詰めることはできないのです．

この例のような問題によって，試行錯誤をして考える力や背理法の考え方を育んでもらえればとても嬉しく思います．

3.3 角度と面積

1節で直角という言葉を学びました．

2つの直線で作られた形の直角を一般化して，次ページの図のように2つの直線で作られた形を角といいます．Bは2つの直線が交わる点です．

直角

またAとCは，それぞれ上の直線，下の直線にある点です．A, B, Cは点A, 点B, 点Cといい，角を作る点Bを一般に角の**頂点**といいます．さらに，図における角は角ABC，あるいは角CBAといいます．記号でそれぞれ，∠ABC, ∠CBAで表します．

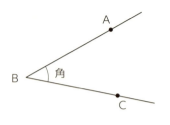

次に，直角を90に等分して，1°（度）という角の大きさを定めます．一般に角の大きさを**角度**といい，角度は1°の何倍になるかとして考えます．ちなみに，2枚の三角定規の角度は図のようになっています．

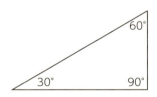 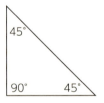

もちろん，角度は90°よりいくらでも大きいものが考えられます．少なくとも，180°, 270°, 360°は合わせて理解しておきたいものです．

180°は**平角**ともいって，一直線の角度です．270°は逆向きに測ると90°の角度になります．360°は一周の角度になります．参考までに360という数字は，紀元前のバビロニア人が1年を360日と考えたことが起源のようです．

角度を測る分度器によって，いろいろな角度を測ってみるとよいでしょう．

0°より大きく90°より小さい角度を**鋭角**，90°より大きく180°より小さい角度を**鈍角**といいます．3つの角が鋭角だけの三角形を**鋭角三角形**，鈍角の角をもつ三角形を**鈍角三角形**といいます．

鋭角三角形

鈍角三角形

> **例**

時計の長針は 1 時間（60 分）に一周します．すなわち，60 分で 360° 回転します．したがって，時計の長針は 1 分間に

$$360° \div 60 = 6°$$

回転することになります．

次に，時計の短針は 1 時間に一周の 12 分の 1 だけ回転します．すなわち，1 時間に

$$360° \div 12 = 30°$$

回転することになります．したがって，時計の短針は 1 分間に

$$30° \div 60 = 0.5°$$

回転することになります．

多角形の各頂点の内側につくられる角をとくに **内角** といいます．多角形は一般に，次のように各頂点に名前を付けることが普通です．また，両端の点が A と B の線分を辺 AB といい，その辺を含む直線を直線 AB といいます．

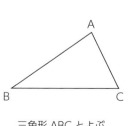
三角形 ABC とよぶ

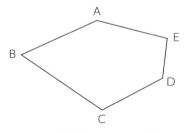
五角形 ABCDE とよぶ

次の性質はとくに重要ですが，算数の段階では直観的な説明に頼る部分があ

ります．その点に関して，本当は，いろいろな三角形で試すことが大切で，そこが日本の算数教科書の弱点だと考えます．

性質 　三角形の内角の和は $180°$ である．

この性質を，三角形 ABC を含む次の図を用いて直観的に説明しましょう．

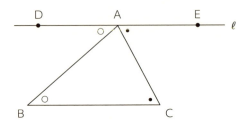

図で，直線 ℓ は辺 BC に平行な直線です．分度器を用いて調べると，角 ABC と角 BAD は等しく，角 ACB と角 CAE も等しいことが分かります．ちなみに中学数学では，このような角度の関係を**錯角**ということを学びます．

以上から，

$$\text{角 ABC} + \text{角 ACB} + \text{角 BAC} = \text{角 BAD} + \text{角 CAE} + \text{角 BAC}$$

となります．ところが上式の右辺の和は，角 DAE と等しいです．そして，角 DAE は $180°$ なので，結局，

$$\text{角 ABC} + \text{角 ACB} + \text{角 BAC} = 180°$$

が導かれたことになります．

なお，角 ABC と角 BAD は等しく，角 ACB と角 CAE も等しいことは，分度器を用いないで，右ページの上図のように実際に頂点 B と頂点 C の近くをハサミで切って，その部分を重ねて確かめてもよいでしょう．

三角形の内角の和は $180°$ であることを前提にすると，次のことが分かります．

多角形の内角の和 　n が 3 以上の整数のとき，n 角形の内角の和は，

$$(n-2) \times 180°$$

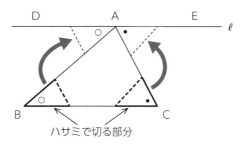

である.

　この性質の説明は以下の図のように，各多角形の内側だけに通る頂点と頂点を結ぶ直線を描くと分かります．なお，このような点線で示した直線を一般に各多角形の**対角線**といいます．

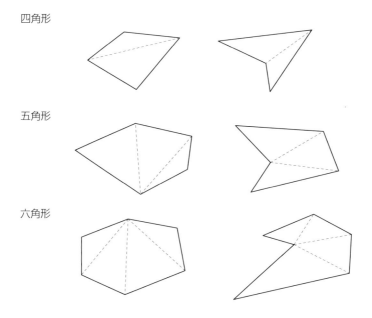

　上の図のように，四角形は1本の対角線，五角形は2本の対角線，六角形は3本の対角線によって，それぞれ2個，3個，4個の三角形に分けることができます．そして，それぞれに分けた三角形の内角の和の合計が，それらを含んだまわりの多角形の内角の和に等しいので，

$$四角形の内角の和 = 180° \times 2$$
$$五角形の内角の和 = 180° \times 3$$
$$六角形の内角の和 = 180° \times 4$$

となります．n が 7 以上でも同様に考えれば，n 角形の内角の和は $(n-2) \times 180°$ であることが分かります．

　もっとも，上の議論で注意すべきことがあります．それは，いま述べてきた説明は下図のように凸多角形ならば，1 つの頂点から他の頂点へ対角線を $(n-3)$ 本引くと三角形が $(n-2)$ 個できるので，納得できるでしょう．

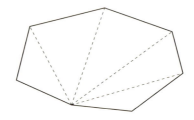

　しかしながら，凹多角形の場合は大丈夫だろうか，という疑問が残ります．これについては，以下のように説明できます．

　まず，どんな凹 n 角形に関しても，内角が鋭角となる頂点があります．それは，すべての内角が鈍角となる多角形はありえないからです．そこで凹 n 角形を一つとってきたとき，そのような内角が鋭角となる頂点を含む三角形をつくる対角線を引くことができます（下図の点線を参照）．

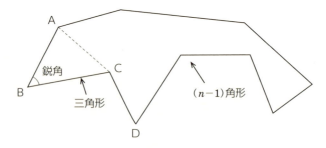

　それによって，凹 n 角形は三角形と $(n-1)$ 角形に分かれます．その $(n-1)$ 角形が凸多角形であるか凹多角形であるかに関わらず，それに対角線を 1 本

引いて，同様な議論を続けていくことによって，元々の凹 n 角形は $(n-2)$ 個の三角形に分けることができます．そこで，凹 n 角形の内角の和も $(n-2) \times 180°$ であることが分かります．

なお上の図で，新たにできた $(n-1)$ 角形における角 ACD が平角になる場合も考えられますが，C を頂点として議論を続ければよいのです．

次に，すべての辺の長さが等しく，すべての内角が等しい n 角形を正 n 角形といいます．正方形は正 4 角形です．n 角形の内角の和は $(n-2) \times 180°$ であったので，正 5 角形，正 6 角形の内角は，それぞれ

$$(5-2) \times 180 \div 5 = 540 \div 5 = 108 \text{ (度)}$$
$$(6-2) \times 180 \div 6 = 720 \div 6 = 120 \text{ (度)}$$

となります．他の正 n 角形の内角も同様にして求められます．

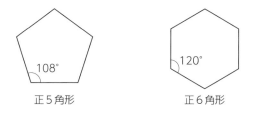

正 5 角形　　　正 6 角形

ここから広さを表す**面積**について説明しましょう．まず，一辺が $1\,\mathrm{cm}$ の正方形の面積を $1\,\mathrm{cm}^2$（1 平方センチメートル）と定めます．

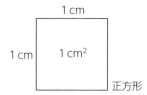

そして，一般の図形の面積は，$1\,\mathrm{cm}^2$ が何個分あるかによって定めます．たとえば，たてが $3\,\mathrm{cm}$，横が $4\,\mathrm{cm}$ の長方形の面積は，

$$3 \times 4 = 12 \ (\mathrm{cm}^2)$$

となります．また，式の意味をしっかり書く立場から，

$$3\,\mathrm{cm} \times 4\,\mathrm{cm} = 12\,\mathrm{cm}^2$$

とも書きます．

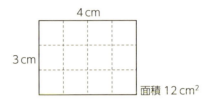

もちろん，上図の長方形を次のように変形しても面積は $12\,\mathrm{cm}^2$ です．

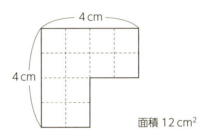

面積としての単位はいくつかあり，一辺が $1\,\mathrm{m}$ の正方形の面積を $1\,\mathrm{m}^2$（1 平方メートル），一辺が $1\,\mathrm{km}$ の正方形の面積を $1\,\mathrm{km}^2$（1 平方キロメートル）と定めます．また，次のような単位も用います．

$$1\,\mathbf{a}\,(\text{アール}) = 100\,\mathrm{m}^2, \quad 1\,\mathbf{ha}\,(\text{ヘクタール}) = 10000\,\mathrm{m}^2$$

注意すべき点として，$1\,\mathrm{m}$ は $100\,\mathrm{cm}$ ですが，$1\,\mathrm{m}^2$ は $100\,\mathrm{cm}^2$ ではありません．右図を見れば分かりますが，

$$1\,\mathrm{m}^2 = 100\,\mathrm{cm} \times 100\,\mathrm{cm} = 10000\,\mathrm{cm}^2$$

となります．

同様に考えて，

$$1\,\mathrm{km}^2 = 1000\,\mathrm{m} \times 1000\,\mathrm{m} = 1000000\,\mathrm{m}^2$$

となります．以上を一般化させて，次の公式が成り立ちます．なお，たてと横の単位は同じものとします．たてが cm ならば横も cm を用います．

長方形の面積 = たて × 横

△ と □ を整数として，たてが △ cm で横が □ cm の長方形の面積が △ × □ cm² になることはよいとしても，△ と □ が一般の分数の場合でも構わないのでしょうか．算数の教科書ではそこまで説明していませんが，本質的には 2 章 14 節で述べた分数どうしの掛け算の考え方で大丈夫です．一応，

$$\triangle = \frac{3}{2}, \qquad \square = \frac{5}{3}$$

の場合について説明しましょう．

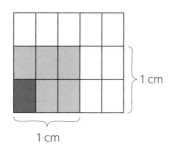

上図の外枠は，たてが $\frac{3}{2}$ cm，横が $\frac{5}{3}$ cm の長方形です．中の灰色の部分は一辺が 1 cm の正方形です．また左下の長方形は，たてが $\frac{1}{2}$ cm，横が $\frac{1}{3}$ cm の長方形で，面積は 1 cm² の 6 分の 1 の $\frac{1}{6}$ cm² です．外枠の長方形の面積は，左下の長方形の面積の 15 倍になるので，$\frac{15}{6}$ cm² になります．これは，

$$外枠の長方形の面積 = \frac{3}{2} \text{cm} \times \frac{5}{3} \text{cm} = \frac{15}{6} \text{cm}^2$$

を説明していることになります．

余談ですが，実数には分数で表せる有理数の他に，無理数があります．たてや横が無理数 cm についての説明はどうなるかを述べましょう．どんな無理数にも限りなく近づく有理数の列があり，それを用いれば大丈夫になります．実は高校数学で指数関数を深く学びますが，その指数についても有理数までの説明で終っています．要するに，そこまでは厳密に気にしないで議論を進めてい

るのです.

　これから平行四辺形,三角形,台形,ひし形の順にそれぞれの面積公式を説明しましょう.

　下図の四角形 ABCD は平行四辺形です.点 B,点 C から直線 AD と直角に交わる垂線を引き,それぞれの交点を E,F とします.

　また,辺 BC と辺 FC（EB）の長さをそれぞれ平行四辺形 ABCD の底辺, 高さといいます.

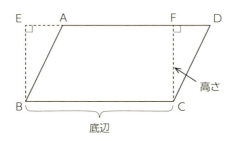

　いま,辺 FD を直線 AD に乗せたまま,三角形 FCD を左に移動していきます.すると,動かしている三角形 FCD の辺 CD と辺 AB がぴったり重なるときがきます.このとき,直角三角形 FCD と直角三角形 EBA はぴったり重なります.それゆえ,

　　　　　　平行四辺形 ABCD の面積 ＝ 長方形 EBCF の面積

が成り立ちます.したがって,

　　　　　　平行四辺形 ABCD の面積 ＝ 辺 BC の長さ × 辺 FC の長さ

が成り立ちます.したがって,次の公式を得ます.

平行四辺形の面積 ＝ 底辺 × 高さ

　右の三角形 ABC において,辺 AB の中点（真ん中の点）を・で示しています.その点・を固定して,三角形 ABC を 180° 回転させる

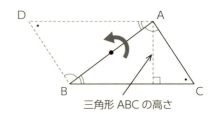

と，AはB，BはAがあった場所に移ることになります．そして，Cが移った所を点Dとすると，直線BCと直線DAは平行になり，直線ACと直線DBも平行になります．

したがって，四角形ADBCは平行四辺形となり，その面積は三角形ABCの2倍です．そして，平行四辺形ADBCの底辺と高さをそれぞれ三角形ABCの**底辺**，**高さ**ということにすると，

三角形ABCの面積 = 平行四辺形ADBC ÷ 2
　　　　　　　　 = 三角形ABCの底辺 × 三角形ABCの高さ ÷ 2

となります．そこで，次の公式を得ます．

三角形の面積 = 底辺 × 高さ ÷ 2

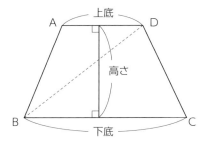

上の四角形ABCDは，辺ADと辺BCが平行な台形です．辺ADは**上底**，辺BCは**下底**，それら共通の垂線の長さ（幅）を台形の**高さ**といいます．そして，対角線BDを引きます．それによって台形ABCDの面積は，三角形ABDと三角形DBCの面積の和になります．いま，

　　　　　三角形ABDの面積
　　　　　　　= AD × (ADを底辺としたときの高さ) ÷ 2
　　　　　三角形DBCの面積
　　　　　　　= BC × (BCを底辺としたときの高さ) ÷ 2

が成り立ち，上の二つの式の高さと台形の高さは同じです．そこで，

　　　　台形ABCDの面積 = AD × 高さ ÷ 2 + BC × 高さ ÷ 2
　　　　　　　　　　　 = (AD × 高さ) ÷ 2 + (BC × 高さ) ÷ 2

$$= (AD \times 高さ + BC \times 高さ) \div 2$$
$$= (AD + BC) \times 高さ \div 2$$

が導かれます．したがって，次の公式を得ます．

$$台形の面積 = (上底 + 下底) \times 高さ \div 2$$

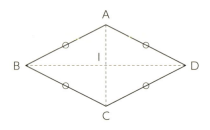

上の四角形 ABCD はひし形です．ひし形 ABCD を対角線 BD に沿って折るとCとAは一致し，対角線 AC に沿って折るとBとDは一致します（この部分の説明をていねいに行う場合には，次節で扱うコンパスを用いると分かりやすくなります．ひし形の辺の長さを r とするとき，B を中心とした半径 r の円とDを中心とした半径 r の円を描きます．その2つの交点が A と C です．だからこそ，ひし形 ABCD を対角線 BD に沿って折るとCとAは一致します（対角線 AC に沿って折るとBとDが一致することも同様に示せます）．

いま，ひし形の2本の対角線の交点を I とすると，

$$AI = IC, \quad BI = ID$$

が分かります．それによって，4つの三角形 ABI, BCI, CDI, DAI は，形も大きさも同じ三角形であることが分かります．それゆえ，それら4つの三角形の面積は等しく，ひし形 ABCD の2本の対角線は垂直に交わります．とくに，

$$直角三角形 AID の面積 = AI \times ID \div 2$$
$$= (AC \div 2) \times (BD \div 2) \div 2$$
$$= AC \times BD \div 8$$

となるので，

$$ひし形 ABCD の面積 = 直角三角形 AID の面積 \times 4$$

$$= \mathrm{AC} \times \mathrm{BD} \div 2$$

を得ます．したがって，次の公式を得ます．

ひし形の面積 = 対角線 × 対角線 ÷ 2

ところで，図の点 I を中心としてひし形 ABCD を 180° 回転させると，ひし形 ABCD はそれ自身に重なります．これが意味することは，ひし形は平行四辺形です．それゆえ，ひし形の面積を求めるときに平行四辺形の面積の公式を用いてもよいのです．

さて，日常生活で目にする多くの図形は，今までに扱った特別なものと比べて複雑な形をしていて，およその形である**概形**に対する面積を求めることが現実的な課題となります．そこで登場するのが次の例で紹介する**方眼法**の考え方です．実際には，これは本章 6 節で扱う縮図の応用で扱うものです．皆さんでいろいろ試してみると楽しいでしょう．

例　（方眼法の考え方）

次の曲線で囲まれた図形のおよその面積を求めてみましょう．

横に平行に並んだ 3 本の直線も 1 cm 間隔（△）です．もちろん，たての直線と横の直線はどれも直交しています．また，ア，イ，ウ，エ，オ，カはどれも 1 辺が 1 cm の正方形です．そこで，ア，イ，ウ，エ，オ，カそれぞれにおける曲線に囲まれた部分の面積を目分量で求めると，だいたい以下のようになるでしょう．

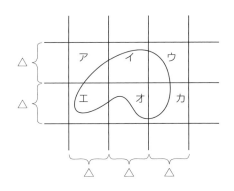

ア $\cdots 0.2\,\mathrm{cm}^2$　イ $\cdots 0.8\,\mathrm{cm}^2$　ウ $\cdots 0.3\,\mathrm{cm}^2$

エ $\cdots 0.5\,\mathrm{cm}^2$　オ $\cdots 0.6\,\mathrm{cm}^2$　カ $\cdots 0.4\,\mathrm{cm}^2$

そこで，曲線に囲まれた部分のおよその面積は，

$$0.2 + 0.8 + 0.3 + 0.5 + 0.6 + 0.4 = 2.8 \,(\text{cm}^2)$$

となります．

次に，中学数学で学ぶ「三平方の定理」を説明しましょう．これは，「定理」と呼ばれるすべての定理のうち最も応用されるもので，**ピタゴラスの定理**とも呼ばれます．

定理　三平方の定理　$\angle \text{ACB} = 90°$, BC（辺 BC の長さ）$= a$（cm），AC $= b$（cm），AB $= c$（cm）である直角三角形 ABC において，

$$a \times a + b \times b = c \times c$$

が成り立つ．

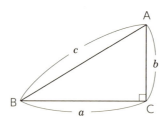

これからこの三平方の定理が成り立つことを説明しましょう．なお，長さの単位の cm は外して述べることをお許しください．

まず，上図に示した直角三角形を 4 つ用意して，それらを下図のように 1 辺が c の正方形 AEGB の周りに置きます．

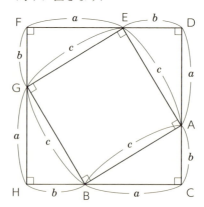

いま，∠ABC と ∠BAC の和は 90° であるから，∠DAC，∠FED，∠FGH，∠HBC はどれも 180°（平角）になります．そこで，4 つの点 F, H, C, D を結ぶことによって出来る四角形 FHCD は，4 つの点 G, B, A, E がそれぞれ辺 FH, HC, CD, DF 上にある 1 辺が $(a+b)$ の正方形になります．したがって，

$$\text{正方形 FHCD の面積} - 4 \times \triangle\text{ABC の面積} = \text{正方形 AEGB の面積}$$

となるから，分配法則と交換法則を用いて以下の式変形が成り立ちます．

$$(a+b) \times (a+b) - 4 \times \frac{1}{2} \times a \times b = c \times c$$
$$(a+b) \times a + (a+b) \times b - 2 \times a \times b = c \times c$$
$$a \times a + b \times a + a \times b + b \times b - 2 \times a \times b = c \times c$$
$$a \times a + a \times b + a \times b + b \times b - 2 \times a \times b = c \times c$$
$$a \times a + b \times b = c \times c$$

例 次の形をした直角三角形 ABC の辺 BC の長さを考えてみましょう．

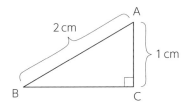

BC の長さを △ cm とすると，三平方の定理より，

$$\triangle \times \triangle + 1 \times 1 = 2 \times 2$$

が成り立ちます．よって，

$$\triangle \times \triangle = 4 - 1 = 3$$

となります．いま，

$$1.73 \times 1.73 = 2.9929, \quad 1.74 \times 1.74 = 3.0276$$

なので，

$$1.73\,\text{cm} < \text{BC の長さ} < 1.74\,\text{cm}$$

であることが分かります．

3.4　円

マンホールのフタ，車輪，茶碗，ボタン，などいろいろなところで使われている円について説明しましょう．

平面上で 1 点 O から等距離 r (cm) にある点全体を円といい，O を円の**中心**，円の周りをとくに**円周**，O から円周の点までの線分を**半径**，円周の点から円周の点までの線分で中心を通るものを**直径**といいます．そして，円周，半径，直径は，それぞれの長さも表すことがあります．そこで，

$$\text{半径} = r \text{ (cm)}, \quad \text{直径} = 2 \times r \text{ (cm)}$$

となります．

なお，算数では扱いませんが，円周上の 2 点に対し，それらを両端とする線分を**弦**，それらを結ぶ円周上の曲線を**弧**といいます．

よく知られているように，コンパスは円の定義をそのまま用いた円を描く道具です．

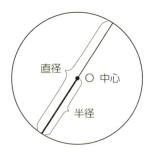

円形の容器にある円周をひもで測り，一方でその円の直径を測ってみましょう．いろいろ試してみると，どの場合もだいたい円周は直径の 3 倍ぐらいになります．そこで，円周 ÷ 直径は一定であると考えて，

円周率 = 円周 ÷ 直径

と約束します．円周率は一般に π (ぱい) で表します．また π は，

$$\pi = 3.141592\cdots$$

となる無理数（有理数でない無限小数）であることが知られています．実際の

計算では，π の代わりに近似値の 3.14 を用いることが普通です．

ここで注意すべきことは，「円周率の定義を述べてください」と質問すると，「3.14 です」と誤った答えを述べる人が実に多いということです．その質問に対しては，「円周 ÷ 直径」と答えなくてはなりません．

円を 2 つの半径で切り取った形を**扇形**といい，それら半径の間の角を**中心角**といいます．また，扇形の**中心**と**半径**は円の中心と半径のことです．

これから，厳密性には欠けるものの，円の面積を表す公式の直観的な説明をしましょう．

円の面積公式　円の 面積 ＝ 半径 × 半径 × 円周率

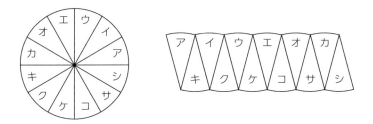

図の右側は，円を中心角が 30° の扇形 12 個に分け，それらを交互に上下を逆にして並べたものです．それを中心角が 15° の扇形 24 個，中心角が 7.5° の扇形 48 個，…，と同じように行っていくと，右側の図形はたてが半径，横が

円周の半分 ＝ 直径 × 円周率 ÷ 2 ＝ 半径 × 円周率

の長方形に近づくことが分かります．そこで，

$$\textbf{円の面積} = 半径 \times 半径 \times 円周率$$

が理解できるでしょう.

扇形の面積は, 円の面積公式よりただちに導かれます. 中心角が $\triangle°$ の扇形の面積は, 円を 360 個に等分したうちの $\triangle$ 個に相当するので,

$$\textbf{扇形の面積} = 半径 \times 半径 \times 円周率 \div 360 \times \triangle$$
$$= 半径 \times 半径 \times 円周率 \times \frac{\triangle}{360}$$

となります.

ところで, 円の面積公式の厳密な証明について, よく「高校数学で習う積分を使うと証明できる」という人がいます. しかし, その説明方法には大きな欠陥が潜んでいます. それは, 三角関数の微分積分の出発点にある次の公式を用いているからです.

$$\lim_{x \to 0} \frac{\sin x}{x} = 1$$

この式の証明では扇形の面積公式, すなわち円の面積公式を用いています. ということは, 円の面積公式から円の面積公式を導く "**循環論法**" に陥っているので, 重大な欠陥論法です. そこで絶対に必要となるのが, 循環論法に陥ることなく円の面積公式を厳密に求める方法です.

かつて, そのような背景からいろいろな和書を調べた結果, 志賀浩二著『中高一貫数学コース数学 3 を楽しむ』(岩波書店) に, 紀元前のアルキメデスの**取りつくし法**を紹介する形で, 循環論法に陥らない円の面積公式の証明が部分的に書かれてありました. しかし, それには加筆しなくてはならないところがあり, 2013 年に出版した拙著『無限と有限のあいだ』(PHP サイエンス・ワールド新書) に, ていねいな証明を書きました. もっとも, それをしっかり読みこなすためには, 大学数学の ε–δ 論法を理解できるレベルが求められます. そこで, 粗筋だけでもかいつまんで以下に述べましょう.

全体の証明の流れですが, 半径 r の円 O の面積が πr^2 でないとすると, 次の (ア) または (イ) が成り立ちます (平面図形に絶対値をつけたものは, その面積を表しています).

（ア）　$|円\,O| > \pi r^2$

（イ）　$|円\,O| < \pi r^2$

（ア）と（イ），それぞれについて矛盾を導くのですが，（ア）を仮定して矛盾を導くことは『中高一貫数学コース数学 3 を楽しむ』にコンパクトに書かれています．この場合の最大の要点は，十分大きい n に対し

$$|内接正\,2^n\,角形| > \pi r^2 \quad \cdots ①$$

が成り立つところです．ここで内接正多角形とは，すべての頂点が円周に接する正多角形のことです．一方，円周の長さより内接正多角形の周囲の長さは短いことから，

$$|内接正\,2^n\,角形| < \pi r^2 \quad \cdots ②$$

がいえるので，①と②は矛盾することになります．

（イ）を仮定して矛盾を導くところは，とても面白い課題でした．拙著『無限と有限のあいだ』では相当なページ数を要したのにも理由があって，その要点は次の定理を先に証明する必要があり，そのためにはジョルダン曲線というものの長さの定義から述べる必要がありました．なお円の接線とは，円周上の点で接する直線のことです．

定理　円 O の周上に線分 AB が直径にならない異なる 2 点 A, B をとる．A, B におけるそれぞれの接線の交点を C とすると，

　　　弧 AB の長さ $\leq$ AC + BC

が成り立つ．

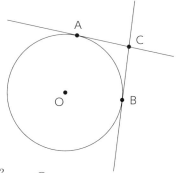

（イ）を仮定すると，（ア）の場合とは反対に，十分大きい n に対し

$$|外接正\,2^n\,角形| < \pi r^2 \quad \cdots ③$$

が成り立つことが分かります．ここで外接正多角形とは，各辺が円周に接する正多角形のことです．一方，上の定理を用いることにより，

$$|外接正 2^n 角形| \geqq \pi r^2 \quad \cdots ④$$

がいえるので，③と④は矛盾することになります．

以上で，アルキメデスの発想が起源となった，循環論法に陥らない円の面積公式を導く大雑把な説明を終わります．

本節の後半では，円の応用となる3つの話題を紹介しましょう．

例 1　（ルーローの三角形）

かつて有名なIT企業の入社試験で，「マンホールのフタはなぜ円いのか」という問題が出題されたそうです．マンホールを置く円形の穴の直径を a cm, マンホールのフタの直径を b cm とします．マンホールのフタをその穴の上に重ねて置くことを考えると，b は a より大きくなくてはなりません（図1参照）．

もしマンホールのフタを立体的にいろいろ動かして，その穴を通過させられるならば，マンホールのフタの直径が通過する瞬間があります．それは，b は a 以下であることを意味し，矛盾が導かれます．したがって，マンホールのフタを立体的にいろいろ動かしても，マンホールを置く円形の

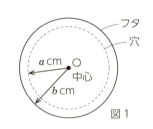

図1

穴を通過させることは不可能です．したがって，マンホールのフタは円形の穴から下には落ちないというメリットがあるのです．

上で述べたことは円の性質をとくに利用していますが，自動車や列車の車輪を見ても分かるように，上下の幅を一定にして板を移動させるときにも円の性質は利用されています（図2参

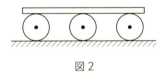

図2

照）．もし円の代わりに正方形で考えると，マンホールや車輪で示した性質は成り立たないことが分かります（図3参照）．それでは，マンホールや車輪で示した性質をもつ図形は円だけでしょうか．

実は**ルーローの三角形**というものがあって，それはマンホールや車輪で示した性質をもつのです．図4は，一辺が a cm の正三角形の各頂点から半径 a cm

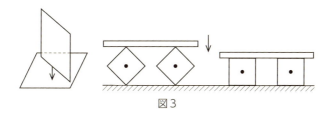

図3

の円を描いて完成させたルーローの三角形の図形です．図5の点線のように，その図形より内側に入った点だけで構成される部分と同じ形をした穴を作ると，もともとのルーローの三角形を曲げない限り，いろいろ動かしてもその穴を通過することができません．

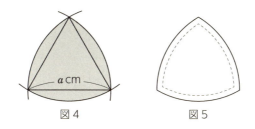

図4　図5

さらに，同じ形をしたいくつかのルーローの三角形の上に乗せた板は，図6のように移動させても，図2の円と同じように上下の幅を一定に保っています．

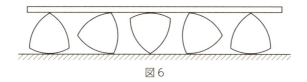

図6

例 2

2章18節で紹介した**鳩の巣原理**を用いて，次の性質を説明しましょう．

> 一辺が2cmの正三角形ABCの周囲を除く内部に勝手に5つの点をとると，それらのある2つの点に対しては，その距離（2つの点を結ぶ線分の長さ）は1cmより短くなる．

正三角形ABCを図のように，一辺が1cmの同じ大きさの4つの正三角形に

分割して，三角形 ADF から辺 AD と AF を除いた部分を I，三角形 BED から辺 BD と BE を除いた部分を II，三角形 CFE から辺 CE と CF を除いた部分を III，三角形 DEF の内部を IV とすると，I, II, III, IV を合わせた部分が正三角形 ABC の内部と一致します．それゆえ，5 つの点を正三角形 ABC の内部にとることは，5 つの点を I, II, III, IV の 4 つの部分からとることになります．そこで鳩の巣原理より，I, II, III, IV のうちのどれかから 2 つの点をとることになります．明らかに，その 2 点の距離は 1 cm より短いです．

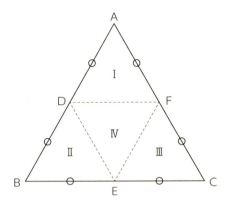

なお，上の議論では若干補足することがあります．それは，正三角形 ABC の各辺の中点（真ん中の点）を図のように結んでできた 4 つの三角形 ADF，BED, CFE, DEF が，どれも一辺が 1 cm の正三角形になることの説明です．

まず ADF が，一辺が 1 cm の正三角形になることを説明しましょう．これは，下の左図の三角形は右図の正三角形と一致するからです．

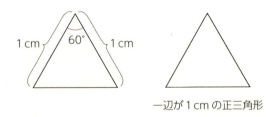

一辺が 1 cm の正三角形

三角形 BED と三角形 CFE も，同様にして一辺が 1 cm の正三角形になるので，DE, EF, FD はどれも 1 cm になります．それゆえ，三角形 DEF も一辺が

1 cm の正三角形になります．

例 3

半径 1 cm の円 80 個が図のように，たて 16 cm 横 20 cm の長方形に 80 個入っています．この長方形の中には，これより多くの同じ円は入らないでしょうか．ただし，円と円は互いに重ならないものとします．

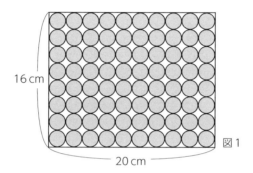

図1

下図のように円を入れると，合計 86 個の円が重ならないように入ります．

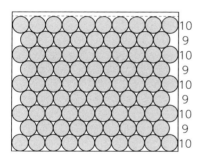

図2

上記のように 86 個の円が入ることを，算数の知識で説明しましょう．

図 3 は，直線 ℓ の上に 3 つの半径 1 cm の円が，互いに接して載っている状態です．

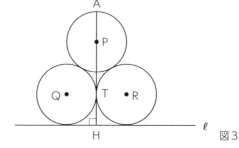

図3

また点 T は，円 Q と円 R が接している点です．三角形 PQR は一辺の長さが 2cm の正三角形になるので，三角形 PQT は PQ が 2cm，QT が 1cm の直角三角形になります．

そこで前節の最後の例を用いて，

$$1.73\,\mathrm{cm} < \text{PT の長さ} < 1.74\,\mathrm{cm}$$

となります．これが意味していることは，図 2 において 1 段ずつ積み上げていくとき，その高さは 1.73cm〜1.74cm ずつ上がっていくことです．したがって，図 2 の最下段の円の一番下の部分から最上段の円の一番上の部分までの高さを考えると，それは

$$1 + 1.73 \times 8 + 1\,(\mathrm{cm})\ \text{以上} \qquad 1 + 1.74 \times 8 + 1\,(\mathrm{cm})\ \text{以下}$$

となります．いま，

$$1 + 1.74 \times 8 + 1\,(\mathrm{cm}) = 15.92\,(\mathrm{cm})$$

なので，図 2 のように 86 個の円が収まることを示しています．

3.5　昔からある文章問題解法（その 2）

本節では，「植木算」と「集合算」の応用についての例を順に紹介しましょう．

例　（植木算）

図のように，たてが 50m，横が 80m の長方形の形をした土地があります．

A, B, C, D にまず木を植えます．次に直線 AD に沿って，A と D の間に 1m 間隔で木を植えます．さらに，直線 BC に沿って，B と C の間にも 1m 間隔で

木を植えます．ここまでの段階で，木は何本必要でしょうか．

下図を参考にして考えると，A から D までに 81 本の木が必要になります．

同様に考えて，B から C までに 81 本の木が必要になるので，合わせて 162 本の木が必要になります．

さらに，直線 AB に沿っても，直線 CD に沿っても 1 m 間隔で木を追加して植えることにしました．追加分の木は何本必要になるでしょうか．

下図より，直線 AB に沿って植える追加分の木は 49 本になります．また，直線 CD に沿って植える追加分の木も 49 本です．したがって，追加分の木は

$$49 + 49 = 98 \,(本)$$

必要になります．

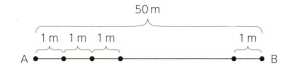

植木算では，両端の扱いを慎重に考えれば間違わないはずです．しかし慌てて考えて，両端の扱いで間違えることもあるので，注意しましょう．

例　（集合算の応用）

ある小学校で，北海道に行ったことのある生徒は 25 人で，沖縄に行ったことのある生徒は 20 人で，両方に行ったことのある生徒は 5 人です．この場合，北海道か沖縄に行ったことのある生徒数を考えましょう．なお，算数や数学では，「または」という意味には，「両方」の意味も含まれます．

25 人に 20 人を加えた結果の 45

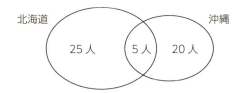

人には，両方に行ったことのある生徒を 2 回足していることになります．そこで，

$$\text{北海道か沖縄に行ったことのある生徒数} = 25 + 20 - 5 = 40 \,(\text{人})$$

というように，重なる部分を 1 回ぶん引いて答えを求めなくてはなりません．

このように，集合算では重なっている部分の扱いを慎重に計算することが要点です．これは，図形の面積を求めるときにもいえることです．

下図のように，一辺が 8 cm の正方形 ABCD の中に 4 つの半円があります．それらの重なる部分の面積を求めましょう．

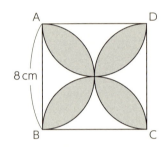

$$\text{一つの半円の面積} = 4 \times 4 \times \pi \div 2 = 8 \times \pi \,(\text{cm}^2)$$
$$\text{求める部分の面積} = \text{4 つの半円の面積の合計} - \text{正方形 ABCD の面積}$$
$$= 4 \times 8 \times \pi - 8 \times 8$$
$$= 32 \times \pi - 64 \,(\text{cm}^2)$$

を得ます．ちなみに $\pi = 3.14$ とすると，

$$\text{求める部分の面積} = 32 \times 3.14 - 64$$
$$= 36.48 \,(\text{cm}^2)$$

となります．

3.6　合同と拡大図・縮図

最初に，図形に関する線対称と点対称を学びましょう．それらを学ぶことが将来，さまざまな図形の構造を考えるときに役立ちます．

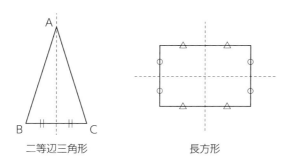

二等辺三角形　　　　　長方形

　上図で示した図形は，点線で示した直線に沿って折ると，どちらの図形もぴったり重なります．このような図形を**線対称**な図形といい，折る部分の直線を**対称軸**あるいは**対称の軸**といいます．とくに，折ったときに重なる点どうしや線どうしを，それぞれ対応する点，対応する線といいます．上の二等辺三角形では，点 B と点 C は対応する点で，辺 AB と辺 AC は対応する辺です．

　また，右図で示したように，それぞれの図形の真ん中に見える点を中心として 180° 回転させても，どちらの図形もぴったり重なります．このような図形を**点対称**な図形といい，真ん中に見える点を**対称の中心**といいます．とくに，180° 回転させたときに重なる点どうしや線どうしを，それぞれ対応する点，対応する線といいます．下の平行四辺形の図では，点 D と点 F は対応する点で，辺 DE と辺 FG は対応する線です．

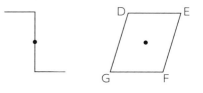

　大雑把に述べると，対称軸や対称の中心のある図形は，普通の図形と比べて対称性が "強い" と考えられます．その観点から，対称軸や対称の中心からいろいろな図形を調べることがあります．

　ちなみに，正方形や円はどちらも点対称で，正方形の対称軸は 4 本で，円は直径がすべて対称軸になります．

　一般に，2 つの図形の一方を動かしていくと他方に重なるとき，それらは（互いに）**合同**であるといいます．た

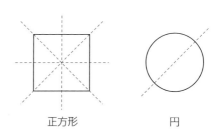

正方形　　　　　円

とえば，次の 2 つの三角形 ABC と三角形 A'B'C' について，
$$AB = A'B', \quad BC = B'C', \quad CA = C'A'$$
$$\angle BAC = \angle B'A'C', \quad \angle ABC = \angle A'B'C', \quad \angle BCA = \angle B'C'A'$$
が成り立つならば，それらは合同です．

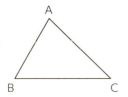
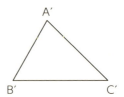

ところで 2 つの三角形 ABC と三角形 A'B'C' について，三角形の**合同条件**と呼ばれる以下の (I)，(II)，(III) のどれかが成り立てば，それらは合同になります．なお，△ は三角形を意味する記号です．

(I) △ABC と △A'B'C' について「3 辺がそれぞれ等しい」．たとえば
$$AB = A'B', \quad BC = B'C', \quad AC = A'C'$$
が成り立つならば，それらは合同．

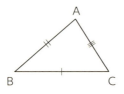
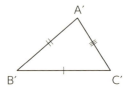

(II) △ABC と △A'B'C' について「2 辺とその間の角がそれぞれ等しい」．たとえば
$$AB = A'B', \quad BC = B'C', \quad \angle ABC = \angle A'B'C'$$
が成り立つならば，それらは合同．

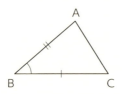
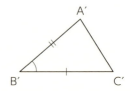

(III) △ABC と △A′B′C′ について「1 辺とその両端の角がそれぞれ等しい」．たとえば

$$BC = B'C', \quad \angle ABC = \angle A'B'C', \quad \angle BCA = \angle B'C'A'$$

が成り立つならば，それらは合同．

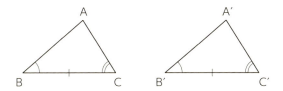

以下，(I), (II), (III) の順にそれぞれが合同条件となる理由を説明しましょう．そのために，「三角形を構成し得る三辺を定めれば，三角形はただ 1 つに定まる」，「三角形を構成し得る 2 辺とその間の角を定めれば，三角形はただ 1 つに定まる」，「三角形を構成し得る 1 辺とその両端の角を定めれば，三角形はただ 1 つに定まる」，ということを示せばよいのです．要するに，ある条件（∗）を満たすものが 1 つに定まるならば，（∗）を満たすものどうしは一致するのです．

(I) について．

$$AB = c, \quad AC = b, \quad BC = a$$

となる三角形 ABC があるとします．

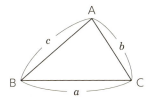

このとき，線分 BC を固定して考えると，A は B を中心とする半径 c の円周上にあり，さらに A は C を中心とする半径 b の円周上にもあります．そこで，A は次ページの図における 2 つの交点のどちらかになります（1 つは線分 BC

の上方向, 1つは線分 BC の下方向). A は線分 BC の上方向にあるとすれば, A は線分 BC に対してただ 1 つの位置として定まります.

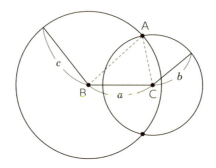

(II) について.

$$AB = c, \quad BC = a, \quad \angle ABC = \overset{ベータ}{\beta}$$

となる三角形 ABC があるとします.

このとき, 線分 BC を固定して考えると, $\angle ABC = \beta$ となる半直線 BA は, 線分 BC に対して角度 β を時計の針と反対方向にとるので, その半直線はただ 1 つに定まります. さらに, $BA = c$ という条件が付くので, 結局 A は線分 BC に対してただ 1 つの位置として定まります.

(III) について.

$$BC = a, \quad \angle ABC = \beta, \quad \angle BCA = \overset{ガンマ}{\gamma}$$

となる三角形 ABC があるとします.

このとき, 線分 BC を固定して考えると, $\angle ABC = \beta$ となる半直線 BA は, 線分 BC に対して角度 β を時計の針と反対方向にとるので, その半直線はただ 1 つに定まります. さらに, $\angle BCA = \gamma$ となる半直線 CA は, 線分 BC に対して角度 γ を時計の針と同じ方向にとるので 1

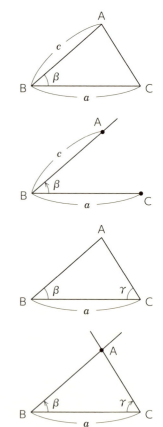

つに定まり，A は両方の半直線 BA と CA の交点に限定されます．それゆえ，A は線分 BC に対してただ 1 つの位置として定まります．

次に，拡大図と縮図について説明しましょう．

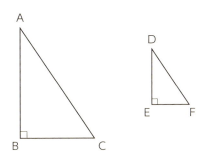

上の 2 つの直角三角形 ABC と DEF において，辺 AB は辺 BC の 1.5 倍の長さで，辺 DE も辺 EF の 1.5 倍の長さです．したがって，それら 2 つの三角形は同じ形をしています．さらに，

$$AB = 2 \times DE, \quad BC = 2 \times EF, \quad CA = 2 \times FD$$

が成り立つとします．すなわち，三角形 ABC と DEF は形が同じで，三角形 ABC の各辺の長さは三角形 DEF の対応する各辺の長さの 2 倍になっています．

このように，2 つの図形アとイの形は同じで，アがイの △ 倍，イがアの $\frac{1}{\triangle}$ 倍のとき，アはイの**拡大図**といい，イはアの**縮図**といいます．ただし，△ は 1 より大とします．大切なことは下図のように，アの図形の任意の 2 つの点 A，B をとったとき，それらと対応するイの図形の 2 つの点 a，b をとると，

AB（A と B の間の長さ）= △ × ab（a と b の間の長さ）

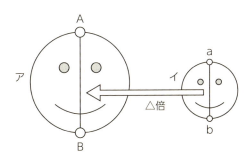

となっていることです．

　ここで，きわめて重要なことを述べます．それはアがイの △ 倍（イがアの $\frac{1}{\triangle}$ 倍）のとき，アの面積はイの面積の △ 倍ではありません．実際は（△ の 2 乗）倍になりますが，この違いを認識していない大学生は非常に多くいます．それだけに，アがイの △ 倍（イがアの $\frac{1}{\triangle}$ 倍）という意味は，あくまでも長さの話であることを注意しましょう．

　縮図として広く応用されているものに地図があります．昔から登山でよく使用された**縮尺** 5 万分の 1 の地図は，実際の地理を 5 万分の 1 にした縮図のことです．その地図上で 2 点間が 3 cm の場合，

$$実際の距離 = 3\,\mathrm{cm} \times 50000$$
$$= 150000\,\mathrm{cm} = 1500\,\mathrm{m}$$

となります．

　本節の終りに拡大図と縮図の応用例を 1 つずつ紹介しましょう．どちらも生徒が実際に行ってみると，楽しくなるものです．

例 1　（影の応用）

　ある日の午後，水平な地面に立った木と少年の影がはっきり見えて，以下の図のようになっていました．

$$EF = 150\,\mathrm{cm}, \quad DE = 100\,\mathrm{cm}, \quad AB = 300\,\mathrm{cm}.$$

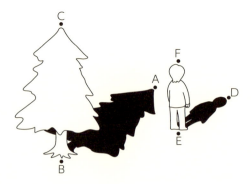

このとき，三角形 CBA は三角形 FED の拡大図になっています．そして，AB は DE の 3 倍なので，

$$CB（木の高さ）= 150 \times 3 = 450（cm）$$

が分かります．

例 2　（方眼法の応用）

図は，中央に湖がある縮尺 1000 分の 1 の地図上に，たてと横ともに 1 cm 間隔の直線を何本も引いたものです．方眼法によって，湖のおよその面積を求めましょう．

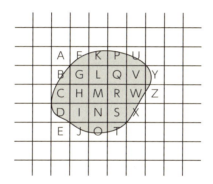

まず，地図上の一辺が 1 cm の正方形の実際の面積を考えると，

$$1000\,\text{cm} \times 1000\,\text{cm} = 10\,\text{m} \times 10\,\text{m} = 100\,\text{m}^2$$

となります．また，26 個の正方形 A, B, C $\cdots$, Z 各々が覆っている湖の部分を，目分量によって 0 から 1 までの割合で示すと，およそ次表のようになります．

A	B	C	D	E	F	G	H	I	J	K	L	M
0	0.4	0.8	0.6	0	0.3	1	1	1	0.3	0.7	1	1

N	O	P	Q	R	S	T	U	V	W	X	Y	Z
1	0.5	0.6	1	1	1	0.3	0.4	1	0.9	0.3	0.2	0.1

そして，表の下段の数値 26 個を全部加えると，16.4 になります．したがって，

$$湖の面積 ≒ 100 \times 16.4 = 1640 \, (\mathrm{m}^2)$$

が分かります．

3.7 立体図形

はじめに1章14節でも述べましたが，立体図形を学ぶことは大切であるものの，平面図形と比べてとても難しいものです．それだけに立体図形を学ぶには，平面図形の題材を持ち込んで考えることが必要になります．最初に扱う見取り図と展開図も，そのためにあります．

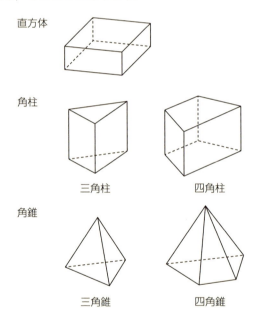

見取り図は上図のように，立体図形を目で見たように描く図です．

展開図は右ページの図の右側で示してあるように，立体の表面を適当に切って一つの平面上に広げた図です．各面が平らな平面からできている多面体は，いくつかの辺に沿って切り開くと平面上に広げられます．ところが，（空間において）1点から等距離にある点の集まりである**球**は展開図が描けません．その一方で，円柱や円錐は図のように展開図が描けます．なお1章4節で示しまし

たが，立方体の展開図は全部で 11 種類あります．

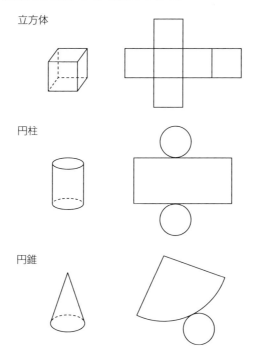

球の**中心**，**半径**，**直径**は，平面上の円のそれらと同じ定義を空間で考えたものです．また，球の表面の球面上に 2 つの点 A，B をとったとき，点 A と点 B と中心の 3 つの点で決まる平面で球を切ったときにできる円を，A と B を通る**大円**といい，A から B まで球面上を移動するときの最短距離ルートを決めています．これは実際，航空機の飛行ルートの決定に役立っています．

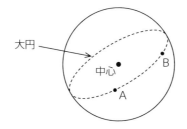

ここで，上で取り上げた各立体図形のうち，球以外の用語の説明をしましょ

う．なお，しっかり説明するために算数の範囲を超える部分もあります．

直方体は各面が長方形の形をした 6 つの面で囲まれた立体です．とくに，各面が正方形の場合，それを**立方体**といいます．

空間における 2 つの直線が**平行**であるとは，それらが同一の平面上にあって，その平面の中で平行な場合をいいます．もちろん，2 つの直線が同一平面上にあって平行でない場合は，それらは交わります．また，空間における 2 つの直線が同一平面上にない場合，それらは**ねじれの位置**にあるといいます．

空間における 2 つの平面が**平行**であるとは，それらが同一の直線と垂直であるときにいいます．なお直線 ℓ が平面と**垂直**であるとは，下図のようにそれらが交わって，平面上にある交点を通るどの直線とも ℓ は垂直である場合にいいます．

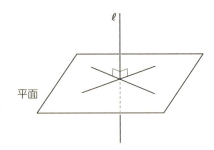

空間における 2 つの平面が平行であることを直観的に述べると，それらはどこまで広げても互いに交わらないことです．

空間における 2 つの平面 P と Q が交わるとき，それらが**垂直**であることの定義を述べましょう．いま，交わってできる直線を ℓ とします．直線 ℓ 上に任意の点 O をとって，平面 P 上に直線 AO と ℓ が垂直となる点 A をとり，平面 Q 上に直線 BO と ℓ が垂直となる点 B をとります（右上図参照）．このとき，∠AOB を平面 P と平面 Q のつくる角（**なす角**）といい，それが 90° のとき平面 P と平面 Q は**垂直**であるといいます．

直方体における 6 つの面の関係を述べると，3 つの組の平行な面があります．そして，平行でない面どうしは垂直になります．

角柱とは，空間において互いに平行で合同な 2 つの多角形 I と II があって，

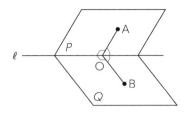

それらの対応する点どうしを結ぶ直線 ℓ をとると，I と II はどちらも ℓ と垂直になっている場合にいいます．参考までに，下図の直方体において，I と II は互いに平行で合同な長方形で，頂点の A と B はそれらの対応する点どうしで，A と B を結ぶ直線 ℓ は I と II 両方と垂直になっています．とくに，I を角柱の**上底面**，II を角柱の**下底面**といいます．

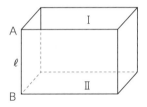

円柱は，上の角柱の定義における I と II が平行で合同な円の場合にいいます．円柱の**上底面**や**下底面**も，角柱の場合と同様に定めます．

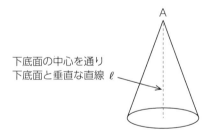

円錐は，円柱の下底面の中心を通り下底面と垂直な直線 ℓ を引き，ℓ と上底面との交点を A とするとき，A と下底面の円周の各点とを結んだ直線全体を側面とする立体です．A を円錐の**頂点**といい，円錐の**底面**はもともとの円柱の底面と同じものです．

角錐は，角柱の下底面を含む平面に垂直な直線 ℓ と，上底面を含む平面との交点を A とするとき，A と下底面の周囲の各点とを結んだ直線全体を側面とする立体です．A を角錐の**頂点**といい，角錐の**底面**はもともとの角柱の底面と同じものです．底面が三角形のときの角錐を三角錐，底面が四角形のときの角錐を四角錐，底面が五角形のときの角錐を五角錐，… といいます．

なお角錐は，上の定義から，次のような図形も含むことに注意します．

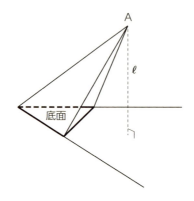

上の円錐や角錐の図における直線 ℓ と底面との交点を B とするとき，線分 AB の長さを円錐や角錐の**高さ**といいます．これらの高さは，それぞれの「かさ」である「体積」を求める公式に現れる重要なものです．

また，それらを作っているもともとの円柱や角柱の**高さ**も，それぞれ同じものになります．

今までの準備のもとで，立体の表面積と体積を学びましょう．立体の**表面積**は字が示すように表面の面積ですが，机に置いたときの底面は見えないものの，もちろんそれも加えます．

直方体の表面積を右上図で考えると，

　　表面積 = 長方形 ABCD の面積 × 2 + 長方形 BFGC の面積 × 2
　　　　　 + 長方形 CGHD の面積 × 2

であることが分かります．

角柱，円柱，角錐，円錐の表面積は，展開図の面積から求めればよいでしょ

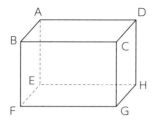

う. なお球の表面積に関しては, 後でその公式を示します.

ここで, 円錐の表面積などを求める例を一つ挙げましょう.

例 図は円錐の展開図を表しています. 円錐の底面の直径と円錐の表面積を求めましょう.

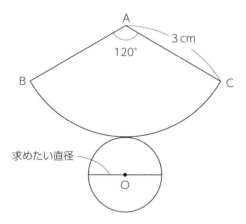

A を中心とする扇形の半径は 3 cm で, 扇形の中心角は 120° なので,

扇形の B から C までの弧の長さ
$$= (半径 3\,\mathrm{cm} の円周の長さ) \times \frac{120}{360}$$
$$= 3 \times 2 \times \pi \times \frac{120}{360}$$
$$= 2 \times \pi \,(\mathrm{cm})$$

となります. その長さが O を中心とする円周の長さになるので,

$$円の直径 \times \pi = 2 \times \pi$$

$$円の直径 = 2 \,(\text{cm})$$

が分かります．

以上から，

$$円錐の表面積 = 側面積（側面の面積）+ 底面積（底面の面積）$$
$$= 3 \times 3 \times \pi \times \frac{120}{360} + 1 \times 1 \times \pi$$
$$= 3 \times \pi + 1 \times \pi = 4 \times \pi \,(\text{cm}^2)$$

が分かります．なお，π を 3.14 として計算しても構いません．

ここから立体のかさを表す**体積**について説明しましょう．まず，一辺が 1 cm の立方体の体積を $1\,\text{cm}^3$（1 立方センチメートル）と定めます．

そして，一般の立体図形の体積は，$1\,\text{cm}^3$ が何個分あるかによって定めます．たとえば，たてが 3 cm，横が 4 cm，高さが 2 cm の直方体の体積は，

$$3 \times 4 \times 2 = 24 \,(\text{cm}^3)$$

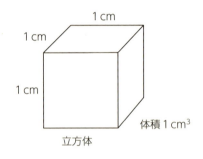

となります．そして，式の意味をしっかり書く立場から，

$$3\,\text{cm} \times 4\,\text{cm} \times 2\,\text{cm} = 24\,\text{cm}^3$$

とも書きます．

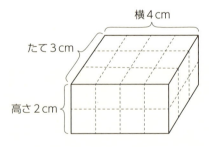

上記を一般化させると，次の公式が成り立ちます．

直方体の体積 = たて × 横 × 高さ

体積としての単位は他にもあり，一辺が 1 m の立方体の体積を $1\,\mathrm{m}^3$（1 立方メートル），あるいは一辺が 1 km の立方体の体積を $1\,\mathrm{km}^3$（1 立方キロメートル）と定めます．

注意すべき点として，

$$1\,\mathrm{m}^3 = 100\,\mathrm{cm} \times 100\,\mathrm{cm} \times 100\,\mathrm{cm} = 1000000\,\mathrm{cm}^3$$

となります．

体積としての単位は，$1\,\mathrm{cm}^3$ と $1\,\mathrm{m}^3$ の間にある $1\,\ell$（**L**, リットル）というものがあります．それに関しては，

$$1\,\ell = 1000\,\mathrm{cm}^3, \quad 1\,\mathrm{m}\ell\ (\mathbf{mL}, ミリリットル) = 1\,\mathrm{cm}^3,$$
$$1\,\mathrm{d}\ell\ (\mathbf{dL}, デシリットル) = 100\,\mathrm{cm}^3$$

となっています．

直方体の体積に関しては，次の不思議な例があります．

例 牛乳パックの話題です．2000 年の日本総合学習学会の講演の中で紹介された内容をもとにして，拙著『ふしぎな数のおはなし』（数研出版）でも具体的な寸法を測った上で紹介したことです．

まず，$1\,\ell$ 入り牛乳パックの容器には，中に入っている牛乳の体積が 1000 mL であることが書かれています．これは $1000\,\mathrm{cm}^3$ と同じことですが，私は牛乳パックの寸法をいろいろ測ってみました．その結果は，下図のとおりです．

新しい牛乳パックの上部を静かに開けてみると，上部の高さ 2 cm の部分には牛乳は入っていません．そこで，それより下の部分を直方体と見なして，そ

の体積を求めると,

$$7 \times 7 \times 19.5 = 955.5 \,(\mathrm{cm}^3)$$

となって, 牛乳は $1000\,\mathrm{cm}^3$ も入っていないことになります. これは困ったことなので, 理科の計量器に牛乳を全部入れてみると, 今度は $1000\,\mathrm{cm}^3$ より少し多く入っているのです.

この不思議な現象の理由を述べると, 牛乳パックを上からよく見ると横に少し膨らんでいます. 牛乳パックは直方体でなく膨らんでいるからこそ, 膨らんだところにも牛乳が入っていたのです.

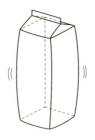

なお, 牛乳パックを直方体と見なした部分の各寸法, $7\,\mathrm{cm}$, $7\,\mathrm{cm}$, $19.5\,\mathrm{cm}$ は私が物差しで測ったものであって, 製造業者に問い合わせたものではありません. ところが, この数値だけが広まってしまい, 少し心配な気持ちをもっています.

次に, 角柱や円柱の体積を考えましょう. いま, 図のような上底面が平行四辺形 ABCD の角柱があったとします.

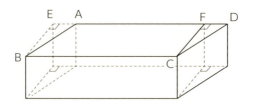

ここで, 平行四辺形の面積公式を導くときの説明を思い出してみましょう. 直角三角形 DFC をそれと合同な直角三角形 AEB に移動して,

$$\text{平行四辺形 ABCD の面積} = \text{長方形 EBCF の面積}$$

を導き，それゆえ

$$\text{平行四辺形 ABCD の面積} = \text{EB} \times \text{BC}$$

を得たのです．

そこで，以下の式変形が成り立ちます．

上底面が平行四辺形 ABCD の角柱の体積

= 上底面が三角形 DFC の三角柱の体積 + 上底面が四角形 ABCF の四角柱の体積

= 上底面が三角形 AEB の三角柱の体積 + 上底面が四角形 ABCF の四角柱の体積

= 上底面が長方形 EBCF の四角柱の体積

$= \text{EB} \times \text{BC} \times$ 高さ

= 平行四辺形 ABCD の面積 × 高さ

=（上底面が平行四辺形 ABCD の角柱の）底面積 × 高さ

上の説明と本質的に同じ議論を用いれば，一般に次の式が成り立ちます．

$$\text{角柱の体積} = \text{底面積} \times \text{高さ}$$

また，厳密性は落ちますが，円柱も底面積が小さい数多くの角柱の和と見なすことによって，上の説明と本質的に同じ議論を用いて次の式が成り立ちます．

$$\text{円柱の体積} = \text{底面積} \times \text{高さ}$$

実は，上で円柱の体積を求める議論と似た論法によって，以下の式はすべて求められます．

$$\text{角錐の体積} = \frac{1}{3} \times \text{底面積} \times \text{高さ}$$

$$\text{円錐の体積} = \frac{1}{3} \times \text{底面積} \times \text{高さ}$$

$$\text{球の体積} = \frac{4}{3} \times \pi \times \text{半径} \times \text{半径} \times \text{半径}$$

$$\text{球の表面積} = 4 \times \pi \times \text{半径} \times \text{半径}$$

それらの説明は少し長くなりますが，拙著『新体系・中学数学の教科書（下）』（講談社ブルーバックス）で述べてあります．また同書では，正多面体は次の5個

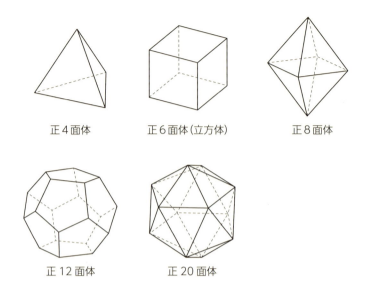

正4面体　　正6面体(立方体)　　正8面体

正12面体　　正20面体

に限ることの証明も述べてあります．

　実は本章4節で，アルキメデスの「取りつくし法」による円の面積公式の証明の概略を述べました．それを認めれば，今度は循環論法に陥らないで上記のすべての公式を，高校数学の積分を用いて証明することができます．

　最後に例として，富士山の山頂から見渡せる地上までの距離を求めてみましょう．

例　（富士山の山頂からの視界）

　まず，地球はおよそ半径 $6400\,\mathrm{km}$ の球体をしています．そこで図のように，A は地上 $h\,\mathrm{km}$ の地点，B は A から見渡せるもっとも遠い地上の点，O は地球の中心，円 O は三角形 ABO を含む平面上の円とします．このとき，中学数学で習う接線の性質によって，三角形 ABO は角 ABO が直角の直角三角形となります．そこで，三平方の定理を用いると，

$$AB \times AB + BO \times BO = AO \times AO$$

が成り立ちます．

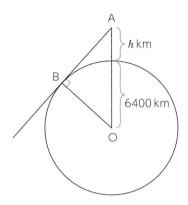

富士山の高さは 3776 m なので，

$$\mathrm{BO} = 6400 \ (\mathrm{km}),$$
$$\mathrm{AO} = 6400 + h = 6400 + 3.7 = 6403.7 \ (\mathrm{km})$$

を代入して計算してみると，

$$\mathrm{AB} > 217 \ (\mathrm{km})$$

が成り立つことが分かります．これは，富士山頂から 217 km の距離までの地点は見渡せることを意味しているのです．

　東京都の立川市，八王子市，東村山市，板橋区などに「富士見町」という町名があります．それらの町から富士山までの距離は 100 km ぐらいなので，その町名に間違いがないことが確かめられました．

第4章

量と変化

178 ● 第 4 章 ｜ 量と変化

4.1 時間・距離・速さ

　本節で取り上げる時間・距離・速さと 3 節で取り上げる比と割合は，十分
に時間をかけて理解させなくてはならない内容です．これらをしっかり指導し
ないこともあって，1 章で指摘した「は・じ・き」とか 186 ページに登場する
「く・も・わ」などの，理解を無視した「やり方」だけの奇妙なものが流行るの
だと考えます．

　まず復習として，60 秒で 1 分，60 分で 1 時間，24 時間で 1 日，365 日で 1
年（うるう年は 366 日）は基礎として押さえておく必要があり，これらを理解
していなければ「速さ」は理解できません．ここで「理解している」というこ
とは，生活の場において肌でとらえていることが必要で，ただ暗記だけで覚え
ていても意味がありません．そのような前提のもとで，いろいろな**速さ**を観察
することから始めましょう．

　子どもたちにとって，50 m を何秒で走るかという「徒競走」は身近な体験と
して肌でとらえています．その 50 m を歩くとだいたい 1 分ぐらいかかります．
また同じ距離を自転車だとだいたい 10 秒ぐらいかかります．

　1 分で 50 m を歩く人が同じように歩くと，2 分で 100 m 進み，3 分で 150 m
進み，…60 分で

$$50\,\mathrm{m} \times 60 = 3000\,\mathrm{m} = 3\,\mathrm{km}$$

進むことになります．すなわち，1 時間に 3 km 進むのです．これを「歩く速さ
は時速 3 km」というのです．

　また，10 秒で 50 m を自転車に乗って進む人は，20 秒で 100 m 進み，30 秒で
150 m 進み，…60 秒で

$$50\,\mathrm{m} \times 6 = 300\,\mathrm{m}$$

進むことになります．すなわち，1 分間に 300 m 進むのです．これを「自転車
の速さは分速 300 m」というのです．

　次に，東海道新幹線の「のぞみ号」は，新横浜と京都間の 484 km をほぼ 2 時
間で走行します．そこで「のぞみ号」は，1 時間に 484 km の半分の 242 km 走
行すると考えられます．これを「のぞみ号の速さは時速 242 km」というのです．

さらに，音は 1 秒間にだいたい 340 m 進みます．また，光は 1 秒間にだいたい 30 万 km 進みます．そこで，「音の速さは秒速 340 m」，「光の速さは秒速 30 万 km」というのです．

上で述べてきたように，時間・距離・速さの関係を一歩ずつ理解していけば，何も「は・じ・き」などを覚える必要はまったくありません．このような奇妙なものがなかった時代に時間・距離・速さの関係を学んだ人たちの方が，はるかによく理解していることはいうまでもありません．実際，年配の方々から見ると，「速さ」や「%」が分からない最近の一部の大学生が不思議でならないとよく聞きます．

上のように導入した時間・距離・速さの関係については，次のステップとして素朴で実用的な例を学ぶと良いでしょう．それによって興味・関心を高めることができます．時間・距離・速さに関する文章問題はその後のことです．

例 　（時間・距離・速さ）

（1）新幹線以外の在来線の列車に乗っていると，線路と線路の繋ぎ目を車輪が通過するとき，ガタン・ゴトンという音が聞こえます．繋ぎ目を溶接してロングレールにしたところ，あるいはポイントなどを除くと，一本の線路の長さは 25 m です．そこで，乗車中の列車内で腕時計を見ているだけで列車速度が分かります．

たとえば 1 秒間に 1 回，すなわち 1 分間に 60 回のガタン・ゴトンという音が聞こえるならば，1 分間に

$$25 \times 60 = 1500 \ (\mathrm{m}) = 1.5 \ (\mathrm{km})$$

進むことになります．それは 1 時間に

$$1.5 \times 60 = 90 \ (\mathrm{km})$$

進むことになり，時速 90 km の速さで走行していることが分かります．

反対に，遠くから列車を眺めている人がその速さを求めることもできます．それには，車両の長さを利用します．JR 在来線の一車両の長さは 20 m で，新幹線のそれは先頭と最後尾が 27 m，それ以外は 25 m です．

いま，4 両編成のローカル列車の先頭がトンネルに入りかけたときから最後尾がトンネルに入ったときまで，ちょうど 6 秒かかったとします．その列車の全長は 80 m となるので，この列車は 80 m を 6 秒で走行する速さです．これは分速 0.8 km で，時速 48 km の速さになります．

一方，16 両編成の「のぞみ号」がトンネルに先頭が入り始めてちょうど 6 秒間で最後尾がすべて入ったとします．列車の全長は

$$27 \times 2 + 25 \times 14 = 404 \ (\mathrm{m})$$

で，その距離を 6 秒間で走行したことになるので，1 秒間に $404 \div 6$ (m) 走行する速さです．それは，1 時間に

$$404 \div 6 \times 60 \times 60 = 242400 \ (\mathrm{m})$$

走行する速さです．したがって，「のぞみ号」の速さは時速 242.4 km であることが分かります．

(2) アリは，とても働きものだと多くの人たちは思っているでしょう．しかし，興味をもってよく観察している人たちの話から，蟻も人間と似ていて一生懸命働くものもいれば，怠け癖のついているものもいるそうです．その蟻の歩く速さは，種類や状況によって大きく違いますが，少し速く歩いているかなと思う速さとして，1 秒間に 4 cm 歩く秒速 4 cm を仮定してよさそうです．

秒速 4 cm＝分速 240 cm＝分速 2.4 m＝時速 144 m

というように表してみると，他の速さと比べることができるでしょう．

(3) 音の速さは秒速約 340 m で，光の速さは秒速約 30 万 km（3 億 m）です．それゆえ，少し離れた所から花火大会を見学する場合，光の速さは無視できるものの，音の速さは無視できません．遠くの花火が光ってから「ドーン」という音を聞くまで 10 秒かかったとします．この場合，自分の位置から花火までの距離は，音が 1 秒間に進む距離

$$340 \times 10 = 3400 \ (\mathrm{m}) = 3.4 \ (\mathrm{km})$$

となるのです．

この発想は他にもいろいろ応用できます．たとえば雷がピカッと光ったのを

見てから「ドカーン」とどこかに落ちた音を聞くまで 6 秒かかったならば，自分がいる場所から雷までの距離は

$$340 \times 6 = 2040 \,(\mathrm{m}) = 2.04 \,(\mathrm{km})$$

となるのです．

4.2　比例・反比例のグラフと概算

　体重が 30 kg（キログラム）の小学生，50 kg のお母さん，60 kg のお父さん，というような親子はたくさんいるでしょう．そして，人間の体重は体重計で計ることができます．1 kg の 1000 分の 1 の 1 g は，温度が 4°C の水 1 cm^3 の重さです．したがって，1000 mL 入り牛乳パックの中身の重さはだいたい 1 kg です．1 g の 1000 分の 1 の重さは 1 mg（ミリグラム）で，薬を調合するときに用いられる単位です．一方，トラックの積載量などは 1 kg の 1000 倍である 1 t（トン）の単位で表すことが普通です．

　スーパーマーケットなどでは，100 g が 200 円ぐらいの豚肉はよく販売されています．そして，店頭に置いてある計量器によって正確に計って，価格を出すことが普通です．いま，購入したい豚肉の重さを計ったところ，230 g だったとします．この場合の代金を考えてみましょう．

　100 g で 200 円ということは，1 g で 2 円になります．そこで 230 g の代金は，

$$2 \times 230 = 460 \,(円)$$

となります．同じように考えて，340 g の豚肉を購入する場合の代金は，

$$2 \times 340 = 680 \,(円)$$

となります．そして，豚肉を x グラム購入したときの代金 y 円は，

$$y = 2 \times x \quad \cdots ①$$

と一般化して書けます．

　次に，たてが x cm，横が y cm の面積が 20 cm^2 の長方形をいろいろ考えましょう．x が 1 のとき y は 20，x が 2 のとき y は 10，x が 4 のとき y は 5，$\cdots$，

というように，いろいろ考えられます．そして，

$$y = 20 \div x \quad \cdots ②$$

と一般化して書けます．

　さて，どんなものでも言葉だけでなく，写真などを用いて視覚的にも説明されると分かりやすくなります．①や②のように y が x を使った式で表されるとき，それらの関係を座標平面上のグラフとして視覚的に表す方法があります．これは数学者デカルト（1596–1650）が軍隊生活をしているとき，天井をはっているハエを見ていて考え出したものです．

　グラフを描くときの基本は，まず，①や②のような式が意味する x と y の組をたくさんとることです．この作業が疎かになって，いきなり「グラフの描き方」から学ぶ学習はよくありません．そのような「やり方」だけの学び方は，グラフの意味を忘れてしまう場合が多々あるからです．

①が意味する表

x	0	1	2	3	4	5
y	0	2	4	6	8	10

②が意味する表

x	1	2	4	5	10	20
y	20	10	5	4	2	1

　①と②が意味する表からグラフを描くと，それぞれ図1，図2のようになります．なお，x と y がともに0を表す点を原点といい，大文字の O で表すことが普通です．

　なお①のように，y が 定数×x という形で表されるとき，y は x に「比例する」といい，そのグラフは図1のような原点を通る直線になります．

　また②のように，y が 定数÷x という形で表されるとき，y は x に「反比例する」といい，そのグラフは図2のような曲線になります．

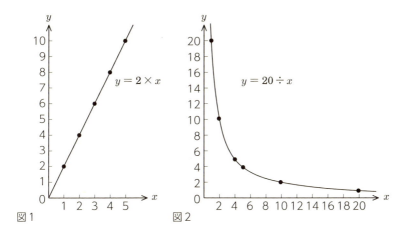
図1　　　　　　　図2

音が x 秒間に進む距離 y (m) は

$$y = 340 \times x \text{ (m)}$$

と表され，また時速 40 km で走行する自動車が x 時間に移動する距離 y (km) は

$$y = 40 \times x \text{ (km)}$$

と表されるように，比例する関係は他にもいろいろあります．

　また反比例も他にもいろいろありますが，ここではアルキメデスのてこの原理を紹介しましょう．てこの原理は，公園にあるシーソーのように軽くて丈夫な棒と，それを支える支点があるとき，下図のように

　　左側のオモリの重さ (kg) × 左側のオモリから支点までの距離 (m)
　　　= 右側のオモリの重さ (kg) × 右側のオモリから支点までの距離 (m)

という関係が成り立つ性質です．

　なお，重さと距離の掛け算について疑問をもつかも知れませんが，とりあえず，そこに現れる数値どうしの掛け算に注目すればよいと考えま

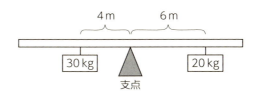

しょう.

いま,右側のオモリとその位置を固定するとき,左側のオモリの重さを x (kg),左側のオモリから支点までの距離を y (m) とおけば,

$$x \times y = 120$$

すなわち,

$$y = 120 \div x$$

という反比例を表す式が成り立ちます.

さて,本節で用いてきた数は,いわゆる物理量を表すものです.こうした数は素数などと違って,若干のズレが伴うものです.また日常生活などでは,大雑把な計算で用が足りることもあります.そこで,**概数**で計算する**概算**が必要となる場合は少なくありません.これ以降では,概算を学びましょう.

まず 12.4671 と 12.4000 と 12.4013 を例にして,小数第 2 位以下を**切り上げ**,小数第 2 位以下を**切り捨て**,小数第 2 位の**四捨五入**を行います.

	切り上げ	切り捨て	四捨五入
12.4671	12.5	12.4	12.5
12.4000	12.4	12.4	12.4
12.4013	12.5	12.4	12.4

注意しなくてはならない点は,12.4000 と 12.4013 について小数第 2 位以下を切り上げするところです.小数第 2 位以下の数字がすべて 0 の場合以外は小数第 1 位の数が +1 になります.

概数を使う概算は,足し算と引き算は普通の計算と同じように行いますが,掛け算と割り算は異なる方法で行います.それぞれ例を用いて説明しましょう.

305481 − 117603 を万の位までの概数で計算すると,千の位で四捨五入して

$$310000 - 120000 = 190000$$

と計算します.要するに足し算と引き算の概算は,計算するときに残す位の一つ下の位を四捨五入して計算することで終わります.

次に，4273×534 を上から2桁の概数で計算すると，上から3桁目を四捨五入して

$$4300 \times 530 = 2279000$$

と計算します．さらに，2279000 の上から3桁目を四捨五入して，答えの 2300000 を出します．

次に，$87652 \div 3452$ を上から2桁の概数で計算すると，上から3桁目を四捨五入して

$$88000 \div 3500 = 25.14 \cdots$$

と計算します．さらに，$25.14 \cdots$ の上から3桁目を四捨五入して，答えの 25 を出します．

4.3 割合

私が，東京理科大学から桜美林大学に移ってきたのは 2007 年のことです．その後まもなく就職委員長を補職として行って，学生が就活適性検査の非言語問題を苦手とする課題に直面しました．「時間・距離・速さ」の問題もそうですが，「比と割合については，やり方を忘れちゃいました」などと言う学生を心配したのです．要するに，「％」をよく理解していません．

そもそも「％」は世界共通の言葉であり，日常生活でも頻繁に登場します．それが分からないとなると，就活適性検査で引っかかるのは当然です．そこで私は当時，就職状況もまだ良くなかったこともあったので，深夜のボランティア授業「就活の算数」を行って，「時間・距離・速さ」や「比と割合」を含む重要事項を懇切ていねいに説明したのです．

そこで得た教訓として，「時間・距離・速さ」や「比と割合」をよく理解していない学生に落ち度はほとんどなく，問題は日本の算数教育にあることが分かりました．背景にはマークシート式問題のような答えを当てさえすればよいという風潮が蔓延して，「やり方」だけ覚えさせてごまかす教育が諸悪の根源だと悟ったのです．そして，「やり方」を忘れると手も足も出ないばかりか，「当

たればラッキー」という意識からデタラメなことを平然と書いてしまうのです．2019 年 4 月に出版した『「％」が分からない大学生——日本の数学教育の致命的欠陥』（光文社新書）が，私の数学教育人生の中で一つの勝負となったのはそれゆえです．

　本節で最初に学ぶ内容は，「もとにする量」と「比べられる量」です．これを疎かにしないことが大切で，理解せずに先へ進むと「く・も・わ」という奇妙なものに頼り始め，「％」に関してよく分からないまま大学生になってしまうのです．ちなみに，「く」は比べられる量，「も」はもとにする量，「わ」は割合で，右の図式があります．1 章で示した「は・じ・き」を真似たもので，

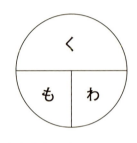

$$「も」×「わ」=「く」$$

というように，下段の 2 つを順に掛け合わせたものが上段のものになると暗記させるのです．

　話を戻して，「もとにする量」と「比べられる量」について理解しましょう．**もとにする量**は最初に基準とする量で，**比べられる量**はそれと比較する量です．ここで本質的に大切なことですが，「もとにする量」の量と「比べられる量」の量は同じ内容で，一方が他方の何倍という関係に意味があるものです．すなわち，両方とも距離のことであるか，両方とも金額のことであるか，両方とも重さのことであるか，等々です．この一見当たり前な指摘が他ではあまり見かけないので，ここではっきり述べました．

　いま，父親の体重が 60 kg で子どもの体重が 30 kg とします．父親の体重をもとにする量で，子どもの体重を比べられる量とすると，比べられる量はもとにする量の半分 $\left(\dfrac{1}{2}倍\right)$ です．逆に，子どもの体重をもとにする量で，父親の体重を比べられる量とすると，比べられる量はもとにする量の 2 倍です．

　次に，父親の所持金が 4000 円で子どもの所持金が 1000 円とします．父親の所持金をもとにする量で，子どもの所持金を比べられる量とすると，比べられる量はもとにする量の $\dfrac{1}{4}$ 倍です．逆に，子どもの所持金をもとにする量で，父

親の所持金を比べられる量とすると，比べられる量はもとにする量の 4 倍です．

　次に，母親の身長が 150 cm で子どもの身長が 120 cm とします．母親の身長をもとにする量で，子どもの身長を比べられる量とすると，比べられる量はもとにする量の $\frac{4}{5}$ 倍です．逆に，子どもの身長をもとにする量で，母親の身長を比べられる量とすると，比べられる量はもとにする量の $\frac{5}{4}$ 倍です．

　これから，「〜を 1 とする」という表現を学びましょう．「2000 円を 1 とする」の意味を次の図で考えます．この 1 は同じ 1 でも，ちょっと大きな 1 だと思いましょう．

1 の $\frac{1}{10}$ は 0.1 で，1 の $\frac{1}{100}$ は 0.01 です．2000 円を 1 とすると，図より 0.1 は 200 円で，0.01 は 20 円です．

　この大きな字を用いる説明方法は，冒頭で紹介した深夜のボランティア授業で試したところ，わりと評判が良かったものです．もっとも，活字で述べたのは本書が初めてです．そして，この大文字を用いるのは導入時のみで，あとは普通の字に戻します．すなわち，誤解が生じない前提で，以下のことを述べます．

　1 の $\frac{1}{10}$ は 0.1 で，1 の $\frac{1}{100}$ は 0.01 です．2000 円を 1 とすると，図より 0.1 は 200 円で，0.01 は 20 円です．

　ここから％を導入しましょう．「もとにする量」と「比べられる量」の対象となる何らかの量を想定し，もとにする量として △ を考えます．△ を 1 としたときの 0.01 に相当する量（比べられる量）を △ の 1％といいます．

　たとえば △ を 2000 円（2000 m）とするとき，2000 円（2000 m）を 1 としたときの 0.01 に相当する量は 20 円（20 m）なので，2000 円（2000 m）の 1％は 20 円（20 m）です．それゆえ，

$$20 \text{ 円（20 m）} = 2000 \text{ 円（2000 m）の 1\%}$$
$$200 \text{ 円（200 m）} = 2000 \text{ 円（2000 m）の 10\%}$$

188 ● 第 4 章 ｜ 量と変化

$$400 \text{ 円 } (400\,\text{m}) = 2000 \text{ 円 } (2000\,\text{m}) \text{ の } 20\%$$
$$460 \text{ 円 } (460\,\text{m}) = 2000 \text{ 円 } (2000\,\text{m}) \text{ の } 23\%$$
$$2000 \text{ 円 } (2000\,\text{m}) = 2000 \text{ 円 } (2000\,\text{m}) \text{ の } 100\%$$
$$4000 \text{ 円 } (4000\,\text{m}) = 2000 \text{ 円 } (2000\,\text{m}) \text{ の } 200\%$$
$$4800 \text{ 円 } (4800\,\text{m}) = 2000 \text{ 円 } (2000\,\text{m}) \text{ の } 240\%$$
$$2 \text{ 円 } (2\,\text{m}) = 2000 \text{ 円 } (2000\,\text{m}) \text{ の } 0.1\%$$

などが分かります．上の 8 つの式の左辺のそれぞれは，2000 円（2000 m）をもとにする量としたときの比べられる量と考えられるものです．

なお，～％という表現を一般に**百分率**といいます．また日本式の表現の**歩合**として，10％を 1 割，1％を 1 分，0.1％を 1 厘，0.01％を 1 毛といいます．そこで，34.56％は 3 割 4 分 5 厘 6 毛になります．

余談ですが，江戸時代の数学教科書『塵劫記』にも書かれているように，江戸時代には「割」がなく，10％を 1 分，1％を 1 厘というように，1 つずつずれていました．その後，明治から大正の時代にかけて「割」が割り込んできたのです．よく，「その勝負は五分五分だ」，「その話は九分九厘成功する」と聞きますが，それらにおける「分」と「厘」はもちろん「割」と「分」の意味です．

一般に，もとにする量に対する比べられる量の「割合」とは，比べられる量を「百分率」や「歩合」で表したものです．あるいは，もとにする量を 1 とするときの表示として用いることもあります．たとえば，「2000 円に対する 460 円の割合は 0.23（23％，2 割 3 分）」というのです．

ここで，その表現に注目すると，

$$2000 \text{（円）} \times \frac{23}{100} = 460 \text{（円）}$$
$$0.23 = 460 \text{（円）} \div 2000 \text{（円）}$$

となっています．これらを一般的に述べると，

もとにする量 ×（もとにする量に対する比べられる量の）割合 = 比べられる量
（もとにする量に対する比べられる量の）割合 = 比べられる量 ÷ もとにする量

という式になります．

割合については，上で述べてきたように一歩ずつ教えていけば，何も「く・
も・わ」などに頼る必要はありません．そもそも「く・も・わ」は，上の太字
で示した最初の式です．いきなり「く・も・わ」から始める指導は，やめるべ
きでしょう．

ところで，2012 年の全国学力テスト（全国学力・学習状況調査）に次の問題
が出題されました．

算数 A3（1）（小学 6 年）：赤いテープと白いテープの長さについて，
「赤いテープの長さは 120 cm です」
「赤いテープの長さは，白いテープの長さの 0.6 倍です」が分かっているとい
う前提で，下の図から適当なものを選択させる問題．

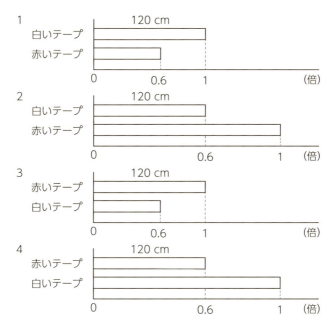

「3」を解答した生徒が 50.9%もいる半面，正解の「4」を解答した生徒が
34.3%しかいなかったのです．もとにする量と比べられる量の表現について，小
学生が苦手なことを示す結果の一つです．

もとにする量と比べられる量は，意味を理解せずに「く・も・わ」などの「や

り方」だけでは乗り越えることができない内容です．それは，以下の 4 通り (1)，(2)，(3)，(4) の表現は，「……」をもとにする量として，「〜〜」を比べられる量として，意味としては同じことを述べています．しかし，「やり方」だけで学んでいる子どもたちにとって，それら 4 つの表現で混乱してしまうことが多々あります．実は大学生でもその傾向があり，就活の適性検査でよく間違えてしまいます．

 (1) 〜〜の …… に対する割合は ○ %

 (2) …… に対する〜〜の割合は ○ %

 (3) …… の ○ % は〜〜

 (4) 〜〜は …… の ○ %

 次に，**濃度**について考えましょう．濃度に関する代表的な問題は，食塩水についてです．ところが，これに関しては，次のように間違える人たちが少なくありません．

$$正：食塩水の濃度 = \frac{塩}{塩 + 水} \times 100 \, (\%)$$

$$誤：食塩水の濃度 = \frac{塩}{水} \times 100 \, (\%)$$

 なぜ，このような誤解が生じるのでしょうか．それは，意味をしっかり理解するのではなく，正しい式を暗記だけで済ませているからです．暗記したことを正しく思い出せるあいだは大丈夫ですが，暗記したことをいったん忘れると危険な状態に立たされてしまいます．

 たとえば，「100g の水に 10g の食塩を溶かすと何%の食塩水になるでしょうか」という質問をされると，

$$10 \div (10 + 100) = 0.090909\cdots$$

$$10 \div 100 = 0.1$$

と両方を一応考えます．そして，「きれいに割り切れた 0.1 の方が，きっと答えだろう」と思って，「答えは 10%です」と間違えてしまいます．

 それでは，正しい式を思い出すことができるヒントはないでしょうか．それは，食塩水の濃度の式だけを思い出そうとするのではなく，以下のように関連

する事象を考えてみるのがヒントになります.

「秋田県における女性の比率は〜%というとき,分子は女性の人数.もし分母が女性の数ならば答えは 100%.もし分母が男性の人数ならば,秋田県は女性の人数は男性のそれより多いから,答えは 100%を超えてしまう.となると,分母は男性と女性の人数の合計だろう.そこで,食塩水の濃度というときには,比べられる量の分子は塩で,もとにする量の分母は 塩 + 水 である」というようにして確認するのです.

例 （食塩水）

10%の食塩水 300 g に 4%の食塩水を加えて 7%の食塩水を作りたいとします.4%の食塩水を何 g 加えるとよいでしょうか.

加える 4%の食塩水を △ g とすると,次の 2 式が成り立ちます.

$$10\% \text{ の食塩水 } 300\,\text{g に含まれる食塩の量} = 300 \times 0.1 = 30 \text{ (g)}$$

$$4\% \text{ の食塩水 } \triangle\,\text{g に含まれる食塩の量} = \triangle \times 0.04 \text{ (g)}$$

新たに作りたい食塩水の濃度は 7%なので,

$$\frac{30 + \triangle \times 0.04}{300 + \triangle} \times 100 = 7$$

が成り立ちます.そこで,

$$(30 + \triangle \times 0.04) \times 100 \div (300 + \triangle) = 7$$
$$(30 + \triangle \times 0.04) \times 100 = 7 \times (300 + \triangle)$$
$$3000 + \triangle \times 4 = 2100 + 7 \times \triangle$$
$$3000 - 2100 = 7 \times \triangle - 4 \times \triangle$$
$$3 \times \triangle = 900$$
$$\triangle = 300 \text{ (g)}$$

が導かれるので,加える 4%の食塩水は 300 g です.

ちなみに,一般に液体に関して考える**濃度**は,食塩水と同じように,全体の重さに占める対象とするもの（例の場合は「塩」）の重さの割合として求めます.一方,気体に関して考える**濃度**は,一般に重さに関してではなく,全体の

192 ● 第4章｜量と変化

体積に占める対象とするものの体積の割合として求めます.

　本節の最後に, 毎日の生活で「%」が深く関わっている消費税の問題を例として取り上げましょう.

例　（消費税）

　消費税が別にかかる（外税）定価 △ 円の商品があります. 消費税が8%の場合, この商品を購入するとき △ × 1.08（円）を実際に払うことになります. なぜそうなるかの説明ができない大学生は予想外に多くいます. そこで, その説明をていねいに述べましょう.

$$商品にかかる消費税 = △ × 0.08 （円）$$

です. したがって,

$$実際に払う代金 = 定価 + 商品にかかる消費税$$
$$= △ + △ × 0.08$$
$$= △ × (1 + 0.08) = △ × 1.08 （円）$$

となります.

4.4 　比

　最初に, 次のような分け方を考えましょう.

・5m のテープを 2m と 3m に分ける.

・500 円を 200 円と 300 円に分ける.

・750mL の牛乳を 300mL と 450mL に分ける.

・125 個の飴を 50 個と 75 個に分ける.

どの分け方においても, 前者を 2 とすると後者は 3 になり, 後者を 3 とすると前者は 2 となります. 前節では「～を 1 とする」という表現を学びましたが, その「1」が, 「2」あるいは「3」になったものとして考えています.

　その分け方だけに注目してみると, 順に「2m　対　3m」,「200 円　対　300円」,「300mL　対　450mL」,「50 個　対　75 個」となっています. 前者は 2

で後者は 3 のこのような関係を，比という世界では互いに等しいと考えます．
そして「対」を，「たい」と呼ぶ「：」で表して，

$$2\,\mathrm{m} : 3\,\mathrm{m} = 200\,円 : 300\,円 = 300\,\mathrm{mL} : 450\,\mathrm{mL} = 50\,個 : 75\,個$$

というように前者と後者の関係を等号で結びます．とくに上式の比は，

$$2 : 3$$

という簡単な形の比と等しいのです．このように，比の世界においては簡単で
見やすい形が求められます．他の例も挙げましょう．

$$121\,\mathrm{m} : 22\,\mathrm{m} = 11 : 2, \quad \frac{1}{3} : \frac{1}{2} = 2 : 3, \quad 900\,円 : 900\,円 = 1 : 1$$

一般に $\triangle : \square$ という比において，$\triangle$ を**前項**といい，$\square$ を**後項**といいます．また，$\dfrac{\triangle}{\square}$ を**比の値**といいます．

上の例で，「$2\,\mathrm{m} : 3\,\mathrm{m}$」，「$200\,円 : 300\,円$」，「$300\,\mathrm{mL} : 450\,\mathrm{mL}$」，「$50\,個 : 75\,個$」のどの比の値も $\dfrac{2}{3}$ であるように，等しい比の関係があることと，それらの比の値が等しいことは同じです．すなわち，

$$\triangle : \square = \bigcirc : \star \quad \cdots (*)$$

と，

$$\frac{\triangle}{\square} = \frac{\bigcirc}{\star}$$

は同じことです．さらに上式から，

$$\triangle \times \star = \square \times \bigcirc$$

が導かれます．これは（＊）において，外側どうしの積と内側どうしの積が等しいことを意味しているので，「**外項の積**は**内項の積**に等しい」と表現します．

この性質を用いることによって，（＊）における $\triangle, \square, \bigcirc, \star$ のうちの 3 つの数値が分かれば，残りの 1 つの数値は求まります．たとえば，

$$\triangle : 8 = 15 : 40$$

が成り立つならば，

$$\triangle \times 40 = 8 \times 15$$

$$\triangle \times 40 = 120, \quad \triangle = 3$$

というように △ が求まります．

比は，3つ以上の関係にも拡張できます．たとえば

$$2:3:5 = 6:9:15$$

というように用いることができ，このような比を一般に**連比**といいます．

比は，国どうしの比較で「A 国と B 国の人口に関する比はおよそ △ : □ であるが，A 国と B 国の GDP（国内総生産）に関する比はおよそ □ : ☆である」というようにも用いられ，用途は広いのです．

もっとも算数として比の応用を考えるときには，やはり図形の拡大図と縮図が大切です．例として 3 章 6 節の例 1 を，比の応用として考えましょう．

それは，以下の図のようになっていました．

$$FE = 150\,cm, \quad DE = 100\,cm, \quad AB = 300\,cm.$$

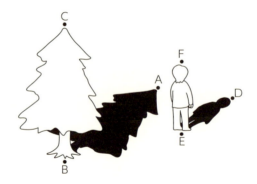

三角形 CBA は三角形 FED の 3 倍の拡大図になっていたので，次の比例式（比に関する式）が成り立ちます．

$$CB : FE = AB : DE = 3 : 1$$

したがって，

$$CB : FE = 3 : 1$$
$$CB : 150 = 3 : 1$$

となるので，外項の積は内項の積に等しい性質を使って，

$$CB \times 1 = 150 \times 3$$
$$CB = 450 \text{ (cm)}$$

が分かります．

4.5 平均とは何か

ここに 5 人の生徒がいて，それぞれの体重は 31 kg，33 kg，39 kg，30 kg，32 kg であるとき，平均体重は

$$(31 + 33 + 39 + 30 + 32) \div 5 = 165 \div 5 = 33 \text{ (kg)}$$

となります．この平均は**相加平均**というもので，平均という概念すべてをとらえているものではありません．平均とは一言で述べると，**全体をならすこと**となります．本節ではその意味を理解していただけるように，他のいろいろな例を取り上げましょう．

同じ相加平均でも，**単純平均**と**加重平均**があります．これらを果物屋さんの価格で説明しましょう．1 個 30 円のミカンが 5 個，1 個 120 円のリンゴが 3 個，1 個 330 円のパパイヤが 2 個あるとき，ミカン，リンゴ，パパイヤの単純平均価格は，

$$(30 + 120 + 330) \div 3 = 160 \text{ (円)}$$

となります．そして，それら各々の個数をも加味した加重平均価格は，

$$(30 \times 5 + 120 \times 3 + 330 \times 2) \div (5 + 3 + 2) = 117 \text{ (円)}$$

となります．この 2 つの考え方は，株価などに応用されます．

次に，**平均速度**という言葉を考えてみましょう．たとえば，次の図で表した区間 AD があったとします．

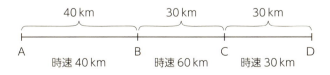

ある車は，AB 間を時速 40 km，BC 間を時速 60 km，CD 間を時速 30 km で

走行します．その車の平均速度はどのように考えればよいでしょうか．

それは，AD 間の走行時間は図の状況と同じで，かつ AD 間を同一速度（同一の速さ）にならして走行したとしての速さを求めればよいのです．

まず図の状況での，AB 間の所要時間は 1 時間，BC 間の所要時間は 0.5 時間，CD 間の所要時間は 1 時間です．また AD 間の距離は 100 km です．そこで，

$$車の平均速度 = AD 間の距離 ÷ AD 間の時間 = 100 ÷ 2.5 = 40（km/ 時）$$

となります（40 km/ 時は時速 40 km の意味）．

上で述べた平均速度の考え方を用いて，AB 二地点間の距離が 150 km で，A から B までの行きが時速 30 km，B から A までの帰りが時速 50 km で走る車の「往復の平均速度」を求めてみましょう．

この答えは，30 と 50 を足して 2 で割った 40（km/時）ではありません．全区間を同じ所要時間で，同一速度にならして走行した場合の速さを求めるのです．まず，当初の行きと帰りの走行時間はそれぞれ，

$$150 ÷ 30 = 5（時間）$$
$$150 ÷ 50 = 3（時間）$$

となります．そこで，往復の平均速度は

$$(150 × 2) ÷ (5 + 3) = 300 ÷ 8 = 37.5（km/時）$$

となります．

ここで，AB 二地点間の距離 150 km がどんな距離になっても，行きが時速 30 km，帰りが時速 50 km ならば，答えの 37.5（km/時）は同じになります．ちなみに，この往復の平均速度は，2 つの数字 30 と 50 の**調和平均**というものです．

次に，なんらかの生産量を年度ごとに見るとして，**平均成長率**という言葉を考えてみましょう．たとえば，西暦 2001 年は 2000 年と比べて 50%成長し，2002 年は 2001 年と比べて 100%成長し，2003 年は 2002 年と比べて −25%成長し，2004 年は 2003 年と比べて 125%成長したならば，1 年目には 3/2 倍，2 年目には 2 倍，3 年目には 3/4 倍，4 年目には 9/4 倍の成長があったことになり

ます. そこで,

$$\frac{3}{2} \times 2 \times \frac{3}{4} \times \frac{9}{4} = \frac{3}{2} \times \frac{3}{2} \times \frac{3}{2} \times \frac{3}{2}$$

となるので, その間の平均成長率は 50%（1 年に 1.5 倍）になるのです. ちなみに上式から,「4 つの数字 3/2, 2, 3/4, 9/4 の**相乗平均は 3/2 である**」といいます.

「平均とは何か」と聞かれたら,「対象とするものを全部足して, その個数で割ることです」と答えるのではなく,「全体をならすことです」と答えられるようにしましょう.

4.6 昔からある文章問題の解法（その3）

本節では,「平均算」,「分配算」,「帰一算」,「仕事算」,「時計算」,「旅人算」,「通過算」,「流水算」の順に, それぞれの例を紹介しましょう.

例 （平均算）

平均の考えに関する問題です.

・ハイキングに行き, 最初の 1 時間で 4 km 歩き, 次の 2 時間で 6 km 歩きました. 1 km 歩くのにかかる平均時間は何分でしょうか.

合わせて 10 km 歩き, その間の所要時間は 3 時間, すなわち 180 分です. したがって, 1 km 歩くのにかかる平均時間は 180 分を 10 で割って, 18 分になります.

例 （分配算）

分配の考え方に関する問題です.

・A, B, C の 3 人でお金を分けます. B は A の 80%, C は B の半分より 40 円多く分けたところ, C の取り分は 360 円になりました. 最初にあったお金はいくらでしょうか.

$$\text{B の取り分} \div 2 + 40 = \text{C の取り分}$$

なので，

$$\text{B の取り分} \div 2 = \text{C の取り分} - 40$$
$$\text{B の取り分} = (\text{C の取り分} - 40) \times 2$$
$$= (360 - 40) \times 2$$
$$= 320 \times 2 = 640 \text{（円）}$$

となります．また，

$$\text{A の取り分} \times 0.8 = \text{B の取り分}$$

なので，

$$\text{A の取り分} = \text{B の取り分} \div 0.8$$
$$= 640 \div 0.8 = 800 \text{（円）}$$

となります．そこで，最初にあったお金は，3 人の取り分の合計なので，

$$800 + 640 + 360 = 1800 \text{（円）}$$

になります．

> **例** （帰一算）

1（単位）当たりの量に戻して考える問題です．

・16 人で行うと 50 日間でできる仕事を，10 人で行うと何日間で終わるでしょうか．

この仕事を 1 人で行うと，のべ

$$50 \times 16 = 800 \text{（日）}$$

かかります．これを 10 人で行うので，

$$800 \div 10 = 80 \text{（日）}$$

で終わります．

> **例** （仕事算）

仕事の量や仕事にかかる時間を考える問題です．

・ある仕事をするのに，兄だけなら 6 時間，弟だけなら 10 時間かかります．

この仕事を兄弟二人で行うと何時間何分で終わるでしょうか.

仕事全体を 1 とすると，兄は 1 時間に全体の $\frac{1}{6}$，弟は 1 時間に全体の $\frac{1}{10}$ の仕事をすることになります．そこで，兄弟では 1 時間に全体の

$$\frac{1}{6} + \frac{1}{10} = \frac{5}{30} + \frac{3}{30} = \frac{8}{30} = \frac{4}{15}$$

の仕事をすることになります．

いま，兄弟二人で仕事を行うときの，終わるまでの時間を △ 時間とすると，

$$1 \text{時間} : \triangle \text{時間} = \frac{4}{15} : 1$$

という比例式が成り立ちます．ただし，右辺の 1 は全体を意味する 1 です．外項の積は内項の積に等しいので，

$$\triangle \times \frac{4}{15} = 1 \times 1$$

$$\triangle = \frac{15}{4} = 3\frac{3}{4}$$

が成り立ちます．したがって，求める時間は 3 時間 45 分になります．

例　（時計算）

時計の短針と長針の角度に関係する問題です．

・3 時半のとき，短針と長針の間の角度は何度でしょうか．

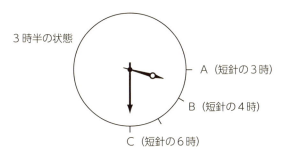

短針は 1 時間に 360° の 12 分の 1，すなわち 30° 動きます．そこで，3 時から 3 時半までの 30 分間に，短針は A から B に向かって 15° 動きます．

いま，角 AOC は 90° なので，90° から 15° を引いた 75° が，3 時半における短針と長針の間の角度になります．

例　（旅人算）

時間・距離・速さに関係する人の移動の問題です．

・A 君と B 君の家の間の距離は 1260 m です．A 君と B 君の家を結ぶ一本道があります．A 君と B 君は，相手の家に向かって同時に歩き始めました．A 君は分速 65 m，B 君は分速 75 m で歩くとき，二人は歩き始めてから何分過ぎたときに出会うでしょうか．

二人が歩いているときは，二人の距離は 1 分間に

$$65 + 75 = 140 \,(\text{m})$$

近くなります．そこで二人は，歩き始めてから

$$1260 \div 140 = 9 \,(\text{分})$$

過ぎたときに出会います．

例　（通過算）

列車が橋や駅を通過したり，反対向きの列車とすれ違ったりするときの問題です．

・同じ速さで走行している電車があります．信号機を通過するのに 10 秒かかり，その先にある長さ 160 m の鉄橋を通過するのに 18 秒かかります．電車の速さと全長を求めましょう．

電車は信号機を通過するのに 10 秒かかることから，10 秒間で電車の全長と等しい距離を進むのです．さらに，18 秒間で電車の全長と鉄橋の長さの合計距離を進むことになります．これは下図において，左の状態から右の状態に至るまでの距離を考えれば分かります．

したがって電車は，8秒間で鉄橋の長さ160mを進みます．そこで，

$$160 \div 8 = 20 \,(\mathrm{m}/秒)$$

と計算して，電車は秒速20mの速さであることが分かります．

また，電車の全長は10秒間に進む距離なので，それは

$$20 \times 10 = 200 \,(\mathrm{m})$$

となります．

例 　（流水算）

船が川を上ったり下ったりするときの問題です．

・川の54kmの区間を往復する船があります．船は上るのに5時間かかり，下るのに4時間かかります．静水での船の速さと川の流れの速さを求めましょう．

静水での船の速さを時速$\triangle$km，川の流れの速さを時速$\square$kmとすると，題意から

$$(\triangle - \square) \times 5 = 54 \,(\mathrm{km})$$
$$(\triangle + \square) \times 4 = 54 \,(\mathrm{km})$$

という2つの式が成り立ちます．したがって，

$$\triangle - \square = 54 \div 5 = 10.8$$
$$\triangle + \square = 54 \div 4 = 13.5$$

となるので，これらの辺々を加えると，

$$2 \times \triangle = 24.3$$
$$\triangle = 12.15 \,(\mathrm{km}/時)$$

を得ます．それゆえ，

$$\square = 13.5 - \triangle = 1.35 \,(\mathrm{km}/時)$$

も得ます．

以上から，静水での船の速さは時速12.15km，川の流れの速さは時速1.35kmとなります．

第5章

場合の数とデータの活用

5.1 場合の数

2章18節では,樹形図を用いて一つずつ数える基本を学びました.一つずつ数えることは,決して簡単なことではありません.数え忘れがあったり,同じものを重複して数えてしまったりするような間違いが,往々にして起こり得るのです.樹形図は,そのような間違いを防ぐものとして効果的です.

まず,1つのコインを4回投げるとき,樹形図を用いて起こり得る場合の数を考えましょう.表表表表のAの場合,表表表裏のBの場合,表表裏表のCの場合,…,裏裏裏裏のPの場合,それら全部で16通りあります.

これは,1回目が表と裏の2通りあって,その各々に対して2回目が表と裏の2通りあって,その各々に対して3回目が表と裏の2通りあって,その各々に対して4回目が表と裏の2通りあるので,全部で

$$2 \times 2 \times 2 \times 2 = 16 \,(通り)$$

あると,計算でも求められます.

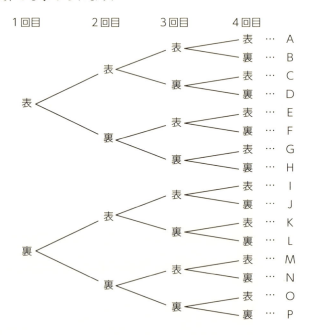

上の16通り A, B, C, D, E, F, G, H, I, J, K, L, M, N, O, P は,どれも同じよ

うに起こる可能性があると考えられます．そこで，いま 16 人がいて，誰か一人を公平に選ぶことを考えましょう．16 人を事前に A から P まで対応させておいて，コインを 4 回投げることによって，公平に 1 人を選ぶことができます．実際にそのような遊びを行ってみると，より理解が深まるでしょう．

次に，コインとサイコロが 1 つずつあるとき，それらを同時に投げるときの起こり得る場合の数を考えましょう．

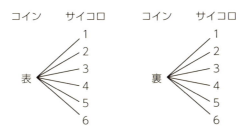

上の樹形図から，起こり得る場合の数は 12 通りであることが分かります．また，それらはどれも，同じように起こる可能性があると考えられます．そこで，いま 12 人がいて，誰か一人を公平に選ぶことを考えると，事前にそれぞれを対応させておいてコインとサイコロを投げれば，瞬時に一人を決定できます．

次に，2 つのサイコロ A と B を投げるとき，目の和として起こり得る場合の数は 2, 3, 4, 5, 6, 7, 8, 9, 10, 11, 12 の 11 通りになります．そのうち偶数は 2, 4, 6, 8, 10, 12 の 6 個で，奇数は 3, 5, 7, 9, 11 の 5 個です．ある人が，「偶数は 6 個で奇数は 5 個か．そうすると，目の和が偶数になる方が起こりやすいと思う」と言いました．この人の話は誤っていることを説明しましょう．

A と B を投げるときの目の組を（A の目，B の目）で表すと，次の 36 通りが考えられます．

$$(1, 1), (1, 2), (1, 3), (1, 4), (1, 5), (1, 6),$$
$$(2, 1), (2, 2), (2, 3), (2, 4), (2, 5), (2, 6),$$
$$(3, 1), (3, 2), (3, 3), (3, 4), (3, 5), (3, 6),$$
$$(4, 1), (4, 2), (4, 3), (4, 4), (4, 5), (4, 6),$$
$$(5, 1), (5, 2), (5, 3), (5, 4), (5, 5), (5, 6),$$
$$(6, 1), (6, 2), (6, 3), (6, 4), (6, 5), (6, 6).$$

206 ● 第 5 章 ｜ 場合の数とデータの活用

そして，それら 36 通りのどの場合も，同じように起こる可能性があると考えられます．さらに，それらのうち目の和が偶数になるものは次の 18 個で，残りの 18 個は目の和が奇数になります．

$$(1, 1), (1, 3), (1, 5),$$
$$(2, 2), (2, 4), (2, 6),$$
$$(3, 1), (3, 3), (3, 5),$$
$$(4, 2), (4, 4), (4, 6),$$
$$(5, 1), (5, 3), (5, 5),$$
$$(6, 2), (6, 4), (6, 6).$$

そこで目の和が偶数になる可能性も奇数になる可能性も 18 個で，どちらも同じだと考えられます．

中学校で確率の問題を学ぶとき，対象となる一つ一つの場合が**同様に確か**（らしい）ことを議論の前提とします．大人でも，そのことをつい忘れてしまうことがあります．このことを念頭に置いて，子どもたちに上記の内容を指導してあげたいものです．

本節の最後に，一つずつミスなく数えることを学ぶ例を挙げましょう．

例　ここに A, B, C, D, E, F の 6 人がいます．6 人を 2 つのグループに分ける場合の数（分け方の数）はいくつになるかを，求めてみましょう．ただし，0 人というグループは認めません．

2 つのグループに分けるとき，それらの人数は次の 3 つが考えられます．

（ア）1 人と 5 人の場合

（イ）2 人と 4 人の場合

（ウ）3 人と 3 人の場合

そこで，（ア），（イ），（ウ）それぞれについて，何通りあるかを求めます．

（ア）の場合は以下の 6 通りがあります．

1 つが A で，もう 1 つが A 以外の人たち

1 つが B で，もう 1 つが B 以外の人たち

1つがCで，もう1つがC以外の人たち

1つがDで，もう1つがD以外の人たち

1つがEで，もう1つがE以外の人たち

1つがFで，もう1つがF以外の人たち

（イ）の場合は以下の15通りがあります．

1つがAとBで，もう1つがその他の人たち

1つがAとCで，もう1つがその他の人たち

1つがAとDで，もう1つがその他の人たち

1つがAとEで，もう1つがその他の人たち

1つがAとFで，もう1つがその他の人たち

1つがBとCで，もう1つがその他の人たち

1つがBとDで，もう1つがその他の人たち

1つがBとEで，もう1つがその他の人たち

1つがBとFで，もう1つがその他の人たち

1つがCとDで，もう1つがその他の人たち

1つがCとEで，もう1つがその他の人たち

1つがCとFで，もう1つがその他の人たち

1つがDとEで，もう1つがその他の人たち

1つがDとFで，もう1つがその他の人たち

1つがEとFで，もう1つがその他の人たち

（ウ）の場合は，（ア）や（イ）と同じように求めると間違ってしまいます．
それは次の2通りの分け方は同じだからです．

1つがAとBとCで，もう1つがその他の人たち

1つがDとEとFで，もう1つがその他の人たち

そこで，Aが入っている3人のグループと，その他の人たちの2つに分けることを考えます．すると（ウ）の場合は，以下の10通りが考えられます．

1つがAとBとCで，もう1つがその他の人たち

1つがAとBとDで，もう1つがその他の人たち
1つがAとBとEで，もう1つがその他の人たち
1つがAとBとFで，もう1つがその他の人たち
1つがAとCとDで，もう1つがその他の人たち
1つがAとCとEで，もう1つがその他の人たち
1つがAとCとFで，もう1つがその他の人たち
1つがAとDとEで，もう1つがその他の人たち
1つがAとDとFで，もう1つがその他の人たち
1つがAとEとFで，もう1つがその他の人たち

以上から

6人を2つのグループに分ける場合の数 $= 6 + 15 + 10 = 31$（通り）

となります．

なお，この問題を，6人を3つのグループに分ける場合の数を求める問題にすると難しくなります．この答えは90通りですが，理系進学の高校生でも間違えてしまうことがよくあります．チャレンジしてみると面白いかもしれません．

5.2　昔からある文章問題の解法（その4）

本節では「集合算」，「方陣算」の順に，それぞれの例を紹介しましょう．なお集合算に関しては，その説明も含めて3章5節で図形への応用という形で取り上げています．

例　（集合算）

・いま，考える対象の全体集合Uをある学校の生徒全員の集まりとし，集合AをUに含まれる運動部の生徒の集まり，集合BをUに含まれる男子生徒の集まり，集合CをUに含まれる5年生以上の生徒

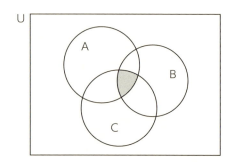

の集まりとします.

上のベン図において,

A の人数 = 123（人），B の人数 = 180（人），

C の人数 = 118（人），A, B, C のどれにも属さない人数 = 80（人），

A かつ B に含まれる人数 = 58（人），

A かつ C に含まれる人数 = 52（人），

B かつ C に含まれる人数 = 67（人），

A かつ B かつ C に含まれる人数 = 26（人）

とするとき，全体集合 U の人数を求めましょう.

上の条件から，図の中にあるどの円にも含まれない人数は 80 人なので，少なくともどれかの円に含まれる人数を求め，それら 2 つの部分の合計人数が U の人数となります.

いま，A の人数に B の人数を加えると，A かつ B の人数は 2 回計算していることになります. したがって，A または B の人数は

$$123 + 180 - 58 = 245（人）$$

となります. そのように考えると，A の人数と B の人数と C の人数を加えた人数から，A かつ B の人数を引いて，A かつ C の人数を引いて，B かつ C の人数を引くと，どのような部分の人数になるのでしょうか. それは図を見ることによって，A または B または C の人数（少なくともどれかの円に含まれる人数）から，（図の中央灰色部分の）A かつ B かつ C の人数を引いた人数になります. その計算の結果は

$$123 + 180 + 118 - 58 - 52 - 67 = 244（人）$$

となるので，それに A かつ B かつ C の人数（中央灰色部分の人数）26 人を加えた 270 人が，A または B または C の人数（少なくともどれかの円に含まれる人数）となります. そこで，その 270 人にどの円にも含まれない人数 80 人を加えて，U の人数 350 人が求まります.

大切なことは，集合どうしの重なっている部分を何回重複して計算しているかということを，慎重に確かめることです.

> **例** （方陣算）

方陣算は，人や石などを正方形の形に並べて，人数や個数を求める問題です．
・碁石を正方形に並べたところ，一番外側の周りにある碁石は 64 個でした．碁石は全部で何個あるかを求めましょう．

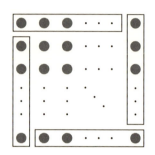

上図において，1 つの長方形に入っている碁石の個数は
$$64 \div 4 = 16 \,(個)$$
です．そこで，正方形の一辺に並ぶ碁石の個数は 17 個になります．したがって，
$$碁石全部の個数 = 17 \times 17 = 289 \,(個)$$
となります．

5.3 いろいろなグラフ

4 章 2 節では比例と反比例のグラフを学びました．そこでも指摘しましたが，どんなものでも言葉だけでなく視覚的にも説明されると分かりやすくなります．本節では，集めた統計データを視覚的に表現するいろいろなグラフを学びましょう．

まず，1 章 10 節でも簡単に説明しましたが，**棒グラフ**，**折れ線グラフ**，**円グラフ**，**帯グラフ**の 4 つは基礎となります．

なお，円グラフと帯グラフはともに割合を示すグラフですが，1 章 10 節で図示したように，前者は面積で量を示すこともあり，後者はたてに並べて経年変化を示すこともあります．

5.3 | いろいろなグラフ • 211

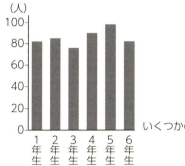
いくつかの対象の比較を示す棒グラフ

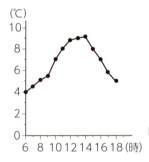
時間に伴う変化を示す折れ線グラフ

それぞれの割合を示す円グラフ
(いくつかを並べて面積で
量を示すこともある)

| A 政党支持 (42%) | B 政党支持 (23%) | C 政党支持 (20%) | その他 (15%) |

それぞれの割合を示す帯グラフ
(いくつかを縦に並べて経年変化を示すこともある)

212 • 第 5 章 | 場合の数とデータの活用

実は棒グラフと見ることができるもので，それから派生したものに**柱状グラフ（ヒストグラム）**というものがあります．これを，用語の説明を交えて説明していきましょう．

ある街の相撲同好会には 45 人が所属して，体重を軽い方から並べると以下の表になったとします（単位は kg）．

32.4	34.5	37.1	38.6	40.5	40.8	43.2	46.0	49.3
54.5	55.2	55.4	55.7	57.0	57.9	58.4	60.3	60.6
61.4	62.7	62.8	63.7	63.8	66.1	70.3	72.4	72.7
72.9	73.0	74.5	74.6	75.5	76.8	77.3	77.8	81.8
83.4	83.9	87.5	87.7	89.1	90.3	92.6	96.5	97.4 （軽い順）

軽い方から並べた 45 人の中で，ちょうど真ん中の数は 63.8 です．このような統計データの真ん中にある数を一般に**中央値（メジアン）**といいます．なお，統計データの数が偶数の場合は，真ん中のデータはありません．この場合は，真ん中部分にある 2 つのデータの平均値を中央値とします．たとえば，6 個のデータ

$$1, 4, 5, 7, 8, 9$$

の中央値は，5 と 7 の平均値の 6 が中央値になります．

身長，温度，人口，物の数のように，ある特性の度合いを数量的に表すものを**変量**といいます．統計データを整理するとき，変量の範囲をいくつかの小範囲に分けて考えることが普通で，その小範囲のことを**階級**といい，各階級に属する統計データの個数をその階級の**度数**といいます．各階級の中央の値を**階級値**といい，各階級に度数を対応させたもの（表）を**度数分布（表）**といいます．度数分布において，度数がもっとも大きい階級の階級値を**最頻値（モード）**といいます．一般に**代表値**とは，平均値，中央値，最頻値を総称しています．

なお，逆に度数分布表から始めて，平均値などを求める場合，各階級に属する統計データの値は，その階級値に等しい値をとるとして処理します．

ここで，階級の幅をいろいろとって，上の表からいくつかの度数分布表を作ってみましょう．順に A さん作成，B さん作成，C さん作成の度数分布表と

Aさん作成の度数分布表

体重	人数
30〜35	2
35〜40	2
40〜45	3
45〜50	2
50〜55	1
55〜60	6
60〜65	7
65〜70	1
70〜75	7
75〜80	4
80〜85	3
85〜90	3
90〜95	2
95〜100	2

（以上〜未満）

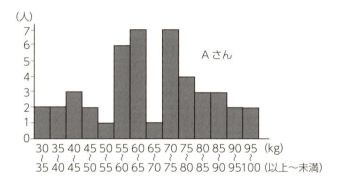

Bさん作成の度数分布表

体重	人数
30〜40	4
40〜50	5
50〜60	7
60〜70	8
70〜80	11
80〜90	6
90〜100	4

（以上〜未満）

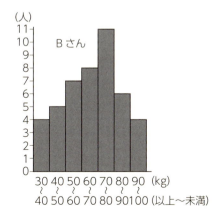

C さん作成の度数分布表

体重	人数
30〜55	10
55〜80	25
80〜100	10

（以上〜未満）

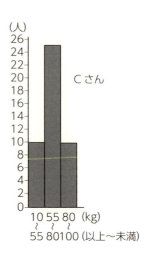

します．さらに，それをもとにして柱状グラフも作ってみましょう．なお，単位は kg で各階級は「… 以上〜未満」となっています．A さん，B さん，C さん，それぞれが作成した柱状グラフを見ると，A さんのグラフは目が細か過ぎ，C さんのグラフは目が粗過ぎるように感じるでしょう．そこで登場するのが**スタージェスの公式**というもので，階級の個数 k は，全データ数を n とすると，

$$k \fallingdotseq 1 + \log_2 n$$

が適当だとされています．この公式に $n = 45$ を代入すると，$k \fallingdotseq 6.49$ となります．スタージェスの公式からも，B さんの柱状グラフがもっとも適当といえます．

次に，生徒の国語と算数の試験結果の関係などの，2 つの関係を見るときに用いられる**相関図**を紹介しましょう．

いま，10 人の生徒が 10 点満点の国語と算数の試験を受け，結果は次のようになったとします．なお（国語の点，算数の点）で結果を表します．

$(6, 7)$　$(8, 7)$　$(4, 3)$　$(3, 5)$　$(9, 10)$
$(10, 8)$　$(5, 8)$　$(6, 4)$　$(4, 4)$　$(7, 5)$

これらの結果から，対応する 10 個の点を座標平面上にとったグラフを相関図といいます．相関図を通して見ることによって，2 つの関係が分かりやすくな

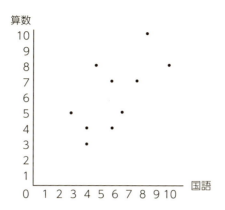

るのです.

　最後になりましたが, 私自身は1章16節で紹介した「じゃんけんデータ」ほか, いろいろなもののデータを集めて楽しかった思い出があります. 皆さんも子どもたちと一緒に, いろいろなデータを取ってみると面白いでしょう. 思わぬ発見をすることを期待します.

付録

小学校学習指導要領（算数編）
との対応

218 ● 付録

　文部科学省「小学校学習指導要領（平成 29 年度告示）解説」算数編とのおおよその対応を以下に示します．本書では，学習指導要領における時計の読み方，そろばんなどを除くおもな内容は，どこかの項目で説明しています．一方，学習指導要領を超える事項についても幅広く扱っています．したがって将来，学習指導要領で扱う内容が増えても，柔軟に利用できるものと信じます．

第 1 学年

A　**数と計算**
　　1. 数の構成と表し方　⟹ 2.2 節（58 ページ）
　　2. 加法，減法　⟹ 2.4 節（61 ページ）

B　**図形**
　　1. 図形についての理解の基礎

C　**測定**
　　1. 量と測定についての理解の基礎
　　2. 時刻の読み方

D　**データの活用**
　　1. 絵や図を用いた数量の表現

第 2 学年

A　**数と計算**
　　1. 数の構成と表し方　⟹ 2.3 節（59 ページ）
　　2. 加法，減法　⟹ 2.4 節（61 ページ）
　　3. 乗法　⟹ 2.6 節（66 ページ）

B　**図形**
　　1. 三角形や四角形などの図形　⟹ 3.1 節（122 ページ），3.2 節（126 ページ）

C　**測定**

1. 長さ，かさの単位と測定 ⟹ 3.1 節（122 ページ）

2. 時間の単位

D　データの活用

1. 簡単な表やグラフ

第 3 学年

A　**数と計算**

1. 数の表し方 ⟹ 2.3 節（59 ページ）

2. 加法，減法 ⟹ 2.4 節（61 ページ）

3. 乗法 ⟹ 2.6 節（66 ページ），2.7 節（69 ページ）

4. 除法 ⟹ 2.8 節（72 ページ）

5. 小数の意味と表し方 ⟹ 2.11 節（79 ページ）

6. 分数の意味と表し方 ⟹ 2.14 節（90 ページ）

7. 数量の関係を表す式 ⟹ 1.12 節（36 ページ），2.8 節（72 ページ）

8. そろばん

B　**図形**

1. 二等辺三角形，正三角形などの図形 ⟹ 3.1 節（122 ページ），3.2 節
（126 ページ）

C　**測定**

1. 長さ，重さの単位と測定 ⟹ 3.1 節（122 ページ）

2. 時刻と時間 ⟹ 4.1 節（178 ページ）

D　**データの活用**

1. 表と棒グラフ ⟹ 5.3 節（210 ページ）

第 4 学年

A　**数と計算**

1. 整数の表し方 ⟹ 2.7 節（69 ページ）

220 ● 付録

 2. 概数と四捨五入 $\Longrightarrow$ 4.2 節（181 ページ）

 3. 整数の除法 $\Longrightarrow$ 2.8 節（72 ページ）

 4. 小数の仕組みとその計算 $\Longrightarrow$ 2.11 節（79 ページ）

 5. 同分母の分数の加法，減法 $\Longrightarrow$ 2.14 節（90 ページ）

 6. 数量の関係を表す式 $\Longrightarrow$ 2.9 節（75 ページ）

 7. 四則に関して成り立つ性質 $\Longrightarrow$ 2.10 節（76 ページ）

 8. そろばん

B **図形**

 1. 平行四辺形，ひし形，台形などの平面図形 $\Longrightarrow$ 3.2 節（126 ページ）

 2. 立方体，直方体などの立体図形 $\Longrightarrow$ 3.7 節（165 ページ）

 3. ものの位置の表し方

 4. 平面図形の面積 $\Longrightarrow$ 3.3 節（131 ページ）

 5. 角の大きさ $\Longrightarrow$ 3.3 節（131 ページ）

C **測定**

 1. 伴って変わる二つの数量 $\Longrightarrow$ 4.2 節（181 ページ）

 2. 簡単な場合についての割合 $\Longrightarrow$ 4.3 節（185 ページ）

D **データの活用**

 1. データの分類整理

第 5 学年

A **数と計算**

 1. 整数の性質 $\Longrightarrow$ 2.12 節（84 ページ）

 2. 整数，小数の記数法 $\Longrightarrow$ 2.11 節（79 ページ）

 3. 小数の乗法，除法 $\Longrightarrow$ 2.11 節（79 ページ）

 4. 分数の意味と表し方 $\Longrightarrow$ 2.14 節（90 ページ）

 5. 分数の加法，減法 $\Longrightarrow$ 2.14 節（90 ページ）

 6. 数量の関係を表す式

B **図形**

1. 平面図形の性質 $\Longrightarrow$ 3.2 節（126 ページ），3.4 節（147 ページ）

2. 立体図形の性質 $\Longrightarrow$ 3.7 節（165 ページ）

3. 平面図形の面積 $\Longrightarrow$ 1.8 節（29 ページ），3.3 節（131 ページ）

4. 立体図形の体積 $\Longrightarrow$ 3.7 節（165 ページ）

C　測定

1. 伴って変わる二つの数量の関係 $\Longrightarrow$ 4.2 節（181 ページ）

2. 異種の二つの量の割合 $\Longrightarrow$ 4.1 節（178 ページ）

3. 割合（百分率） $\Longrightarrow$ 4.3 節（185 ページ）

D　データの活用

1. 円グラフや帯グラフ $\Longrightarrow$ 5.3 節（210 ページ）

2. 測定値の平均 $\Longrightarrow$ 4.5 節（195 ページ）

第 6 学年

A　数と計算

1. 分数の乗法，除法 $\Longrightarrow$ 2.14 節（90 ページ）

2. 文字を用いた式 $\Longrightarrow$ 2.17 節（106 ページ）

B　図形

1. 縮図や拡大図，対称な図形 $\Longrightarrow$ 3.6 節（157 ページ）

2. 概形とおよその面積 $\Longrightarrow$ 3.3 節（131 ページ）

3. 円の面積 $\Longrightarrow$ 3.4 節（147 ページ）

4. 角柱及び円柱の体積 $\Longrightarrow$ 3.7 節（165 ページ）

C　測定

1. 比例 $\Longrightarrow$ 4.2 節（181 ページ）

2. 比 $\Longrightarrow$ 4.4 節（192 ページ）

D　データの活用

1. データの考察 $\Longrightarrow$ 5.3 節（210 ページ）

2. 起こり得る場合 $\Longrightarrow$ 5.1 節（204 ページ）

参考文献

・芳沢光雄：『新体系　高校数学の教科書（上・下）』講談社ブルーバックス，2010

・芳沢光雄：『新体系　中学数学の教科書（上・下）』講談社ブルーバックス，2012

・芳沢光雄：『算数が好きになる本』講談社，2014

・芳沢光雄：『「％」が分からない大学生——日本の数学教育の致命的欠陥』光文社新書，2019

・芳沢光雄：『就活の算数』セブン＆アイ出版，2018

・芳沢光雄：『数学的思考法』講談社現代新書，2005

・芳沢光雄：『算数・数学が得意になる本』講談社現代新書，2006

・デニス・シュマント＝ベッセラ：『文字はこうして生まれた』岩波書店，2008

・黒木哲徳：『入門　算数学（第3版）』日本評論社，2018

・矢野健太郎：新版『お母さまのさんすう』暮らしの手帖社，1999

索 引

数字・アルファベット 行

0…… 59
1 対 1 の対応…… 57
2 進法…… 118
%…… 187
a（アール）…… 138
cm（センチメートル）…… 124
cm^2（平方センチメートル）…… 137
cm^3（立方センチメートル）…… 170
dℓ, dL（デシリットル）…… 171
ha（ヘクタール）…… 138
km（キロメートル）…… 125
km^2（平方キロメートル）…… 138
km^3（立方キロメートル）…… 171
ℓ, L（リットル）…… 171
mℓ, mL（ミリリットル）…… 171
mm（ミリメートル）…… 124
m（メートル）…… 125
m^2（平方メートル）…… 138
m^3（立方メートル）…… 171
n 進法…… 119

あ 行

余り…… 73, 83
ある…… 31
植木算…… 154
鋭角…… 132
鋭角三角形…… 132
エラトステネスの篩…… 88
円…… 146
円グラフ…… 210
円周…… 146
円周率…… 146
円錐…… 165, 167
円錐の体積…… 173
円柱…… 165, 167
円柱の体積…… 173
円の体積…… 173
円の表面積…… 173
円の面積…… 148
扇形…… 147

扇形の面積…… 148
凹多角形…… 123
帯グラフ…… 210
折れ線グラフ…… 210

か 行

階級…… 212
階級値…… 212
概形…… 143
外項…… 193
概算…… 184
概数…… 184
角…… 131
角錐…… 168
角錐の体積…… 173
拡大図…… 161
角柱…… 166
角柱の体積…… 173
角度…… 132
掛け算…… 66
加重平均…… 195
下底…… 141
下底面…… 167
過不足算…… 113
仮分数…… 90
還元算…… 115
帰一算…… 198
奇数…… 85
既約分数…… 102
球…… 164
切り上げ…… 184
切り捨て…… 184
キロ（k）…… 125
偶数…… 85
九九…… 67
位…… 59
位取り…… 59
位取り記数法…… 119
比べられる量…… 186
グラム（g）…… 125
くり上がり…… 62
繰り下げ…… 64, 65
結合法則…… 77
弦…… 146
減加法…… 64

減減法……64
原点……105, 182
弧……146
交換法則……77
後項……193
合同……157
合同条件……158
ゴールドバッハの問題……45
五角形……122

さ 行

最小公倍数……88
最大公約数……87
最頻値（モード）……212
錯角……134
座標平面……182
三角定規……128
三角形……122
三角形の面積……141
三平方の定理……144
四角形……122
仕事算……198
四捨五入……184
自然数……84
四則混合計算……76
集合算……155, 208
縮尺……162
縮図……161
樹形図……109
循環小数……100
循環論法……148
商……73
消去算……116
小数……79, 80, 82
小数点……80
上底……141
上底面……167
除数……74
真分数……90
垂線……124
垂直……166
数直線……104
スタージェスの公式……214
すべて……31
正三角形……126

整数……84
正の数……106
正方形……126
積……77
前項……193
線対称……157
全体をならす……195
線分……122
素因数分解……87
相加平均……195
相関図……214
相乗平均……197
素数……87

た 行

大円……165
対角線……135
台形……126
台形の面積……142
対称軸……157
対称の中心……157
体積……170
代表値……212
帯分数……91
高さ……140, 141, 168
多角形……122
足し算……61
立てる……74
旅人算……200
タリー……57
単純平均……195
中央値（メジアン）……212
柱状グラフ（ヒストグラム）……212
中心……146, 147, 165
中心角……147
頂点……122, 132, 167, 168
長方形……126
長方形の面積……139
調和平均……196
直線……122
直方体……166
直角……123
直角三角形……126
直角二等辺三角形……126
直径……146, 165

通過算…… 200
通分…… 93
つくる角…… 166
鶴亀算…… 114
底辺…… 140, 141
底面…… 167, 168
てこの原理…… 183
展開図…… 164
点対称…… 157
等分除…… 72
同様に確か（らしい）…… 206
トークン…… 57
時計算…… 199
度数…… 212
度数分布（表）…… 212
凸多角形…… 122
取りつくし法…… 148
鈍角…… 132
鈍角三角形…… 132

な 行

内角…… 133
内項…… 193
なす角…… 166
二等辺三角形…… 126
ねじれの位置…… 166
年齢算…… 115
濃度…… 190, 191

は 行

場合の数…… 204
倍数…… 85
鳩の巣原理…… 111, 151
速さ…… 178
半径…… 146, 147, 165
半直線…… 122
反比例…… 182
比…… 193
引き算…… 63
ひし形…… 126
ひし形の面積…… 143
被除数…… 74
ピタゴラスの定理…… 144
比の値…… 193

百分率…… 188
表面積…… 168
比例…… 182
歩合…… 188
双子素数…… 45
不等号…… 66
負の数…… 106
分子…… 90
分数…… 90
分数・小数の混合計算…… 103
分配算…… 197
分配法則…… 77
分母…… 90
平角…… 132
平均…… 195
平均算…… 197
平均成長率…… 196
平均速度…… 195
平行…… 123, 166
平行四辺形…… 126
平行四辺形の面積…… 140
辺…… 122
ベン図…… 127
変量…… 212
包含除…… 72
方眼法…… 143, 163
棒グラフ…… 210
方陣算…… 210
補数…… 62

ま 行

見取り図…… 164
ミリ（m）…… 125
無限小数…… 100
無理数…… 100
面積…… 137
文字…… 106
もとにする量…… 186

や 行

約数…… 85
約分…… 92
有限小数…… 100

ら 行

リットル（L，ℓ）…… 125
立方体…… 165, 166
流水算…… 201
ルーローの三角形…… 150
連比…… 194
六角形…… 122

わ 行

和…… 77
和差算…… 113
割られる数…… 74
割り算…… 72
割る数…… 74

芳沢光雄
（よしざわ・みつお）

1953年東京都生まれ．東京理科大学理学部教授（理学研究科教授）などを経て，現在，桜美林大学リベラルアーツ学群教授（同志社大学理工学部数理システム学科講師を兼務）．理学博士．専門は数学・数学教育．国家公務員採用Ｉ種試験専門委員（判断・数的推理分野），日本数学会評議員，日本数学教育学会理事などを歴任．

著書に『新体系　高校数学の教科書（上・下)』『新体系　中学数学の教科書（上・下)』(以上，講談社ブルーバックス)，『算数が好きになる本』（講談社)，『「％」が分からない大学生——日本の数学教育の致命的欠陥』(光文社新書)，『ビジネス数学入門（第2版)』(日経文庫)，『置換群から学ぶ組合せ構造』(日本評論社)，『今度こそわかるガロア理論』(講談社）などがある．

AI時代を切りひらく算数
「理解」と「応用」を大切にする6年間の学び

2019年7月10日　第1版第1刷発行

著　者̶̶̶̶芳沢光雄

発行所̶̶̶̶株式会社 日本評論社
　　　　　　　〒170-8474 東京都豊島区南大塚3-12- 4
電　話̶̶̶̶(03)3987-8621[販売]
　　　　　　　(03)3987-8599[編集]
印　刷̶̶̶̶藤原印刷
製　本̶̶̶̶井上製本所
装　幀̶̶̶̶図工ファイブ

JCOPY 〈(社) 出版者著作権管理機構委託出版物〉本書の無断複写は著作権法上での例外を除き禁じられています．複写される場合は，そのつど事前に，(社) 出版者著作権管理機構（電話 03-5244-5088, FAX 03-5244-5089, e-mail: info@jcopy.or.jp) の許諾を得てください．また，本書を代行業者等の第三者に依頼してスキャニング等の行為によりデジタル化することは，個人の家庭内の利用であっても，一切認められておりません．

©Mitsuo Yoshizawa 2019 Printed in Japan
ISBN978-4-535-78876-3